好好笑漫畫數學

生活
數字王

好好笑漫畫數學

生活
數字王

編劇／郭雅欣　漫畫／司空彌生
知識專欄／房昔梅

遠流

這是一本你拿起來就不想放下的有趣科普書，第一次看劇情，第二次會想研究數學。從第一冊的容易上手，到本冊的加深加廣，一樣不容錯過！以漫畫人物的詼諧對話，或闡述負負得正到奇偶數數學性質，或深入淺出解釋期望值、打擊率與打數、複利等數學概念。你想知道數字占卜、連號發票的中獎機率嗎？或怎麼把球丟得最遠以及浮力密度與數學的關聯？請再次體驗詼諧的劇情，跟主角們一起探索生活中的數學奧祕吧！！

—— **李政憲** 新北市林口國中教師、數學輔導團教師

終於又等到了一本適合中高年級的數學漫畫，不管是老師教學引起動機，或是家長和孩子一起閱讀，對於孩子提升數感都有長足的幫助，誠摯推薦給您！

—— **林怡辰** 彰化縣原斗國小教師、《小學生年度學習行事曆》作者

在市面上有關數學的延伸閱讀有很多，但科學少年的這套《好好笑漫畫數學》卻能夠做到又有趣又實用！作者巧妙利用孩子們的生活情境，透過玩占卜、變魔術、吃零食、購物……等青少年感興趣的元素，將負負得正、質因數分解、期望值、黃金比例等等主題，自然而然的融進閱讀當中，佐以活潑有趣的校園互動故事，絕對是符合新課綱「系統思考與解決問題」學習的最佳選擇！

—— **林季儒** 基隆市銘傳國中閱讀推動教師

生活之中到處都是數學問題，像是百貨公司的折價券如何使用最划算？大包裝還是小包裝的商品比較便宜？連號的統一發票是不是會提高中獎機率？球要用什麼角度丟出去才能丟得遠？本套書籍以輕鬆活潑的漫畫故事來呈現與解釋數學概念，相當有趣，誠摯推薦給大家閱讀，享受數學的樂趣。

—— **俞韋亘** 中央大學數學系助理教授

如何引起孩子們學習數學的興趣？從生活中的實例切入，是非常有效的辦法。特別是圖像化的概念呈現方式，更能加速學習者概念化的進程，從而形成心像，牢記腦中。本書透過 13 個不同的主題，分別介紹數學在經濟與生活上的使用，然後在小房子老師的提醒與提問中，歸納知識點形成學習脈絡，許多有趣的數學，也就一下子學起來了。

—— **陳光鴻**　臺中一中數學教師

提到「抽象、有趣、美感、詩意」，我們的腦海中會浮現什麼科目？如果要我說，這門學科領域也可能是「數學」！奇數、偶數，可以拿來變魔術；懂得計算比例，可以知道誰是打擊王；自然界的黃金比例，教你怎樣最「順眼」；定存、活存，怎麼存最多錢；統計期望值，能夠明白一元換發票是否值得……《好好笑漫畫數學》用老少皆宜的漫畫說明數學，並搭配第一線老師精心設計的知識學習單，讓學習更有意義與成效，是值得一看的好書。

—— **葉奕緯**　彰化縣田中高中國中部老師

寓數學素養於生活實踐中，感受數學無所不在的魅力！

—— **曾政清**　臺北市建國高中老師

我們生活的日常，像是發票連號中獎率是不是比較高？利息要怎麼計算最有「利」？甚至是遊戲怎麼玩更容易贏？這些內容跟著圖文並茂的漫畫情節，巧妙的吸引孩子進入數學世界，並讓孩子知道，若能以清楚的邏輯與數學思考推理，許多生活中的疑難皆可輕鬆解決。本書以輕鬆幽默的漫畫方式，將數學巧妙的浸潤其中，這樣的呈現方式讓孩子不自覺的接近數學，知道數學的厲害所在。看完本書後，更能確定數學絕對是幫助決策、趨吉避凶的好工具，相當推薦給中小學生閱讀。

—— **賴政泓**　國立政大附中教師

（依姓氏筆畫排序）

小南

數學天才少女，什麼謎團都難不倒他，擅長從迷霧中抽絲剝繭，找到事物的數學原理並且清楚説明。喜歡做餅乾，名言是：巧克力是小孩子吃的！咖啡是大人口味。

毛姊和毛弟

紅頭髮的毛家人，有個愛追流行的姊姊，以及具有 20 年家庭主婦經驗的媽媽。一家人生性活潑，有點迷糊，但在迷糊中總是能提出關鍵問題。

花帥

高富帥代表人物，充滿愛的心總是投向錯誤對象，也因此經常大失所望……非常疼愛妹妹，對同學、親戚、大人總是不吝伸出援手。

桃子

小南的好朋友，是個熱愛美食的貪吃鬼，尤其喜歡吃甜食。充滿熱情與活力，最大的特色是嗓門很大，並且以小南為傲！

目錄

負負得正？付付得正！ ···················· 8
    知識專欄　生活中的負數 ···················· 14

你今天數字占卜了嗎？ ···················· 16
    知識專欄　質因數分解的妙用 ···················· 23

生活語音小幫手 ···················· 24
    知識專欄　獨特的 0 ···················· 34

奇數偶數變魔術 ···················· 36
    知識專欄　一個都不能少 ···················· 44

你的發票中獎了嗎？ ···················· 46
    知識專欄　期望值有多少？ ···················· 55

追著精靈出發吧！ ···················· 56
    知識專欄　座標與方位 ···················· 66

誰是打擊王？ ···················· 68
    知識專欄　用比率來比較 ···················· 78

擲遠大賽 ···················· 80
    知識專欄　擲遠角度學問多 ···················· 92

自然界的黃金比例 ···················· 94
    知識專欄　大自然的數學遊戲 ···················· 102

利息滾利息，複利的威力！ ···················· 104
    知識專欄　哪一種利息高？ ···················· 111

好冷喔！現在到底幾度？ ···················· 112
    知識專欄　華氏與攝氏 ···················· 121

瘋狂粉絲見面握手會 ···················· 122
    知識專欄　兩兩一組共幾組？ ···················· 131

浮浮沉沉游泳樂 ···················· 132
    知識專欄　重點不在大小與輕重 ···················· 140

小試身手解答 ···················· 142

負負得正？付付得正！

花帥、小南，快來看這個！

你們看，今天下午到車站前的 YS 旗艦店，三人同行一起唱主題歌……

可以當場獲得 YS 的新產品——神祕口味餅乾一箱！

這麼好？

……主題歌是什麼？

那首歌超好聽的！你們聽：YS 乖乖乖，YS 棒棒棒……

我才不唱！

啊～為什麼？

不要就是不要，那麼蠢的歌！

真的滿蠢的……

嗯……

不行了！實在是不懂啊！負負得正到底怎麼回事？

與其埋在痛苦的作業裡……

不如開一包今天拿到的餅乾來吃吧！

好怪的味道……

小南，你吃得出是什麼口味嗎？

好像有蒜的味道……

不只有蒜味……還有……

真的嗎？

當然啦！我出運了啦！

我知道了！

哦？

我知道什麼是負負得正了！

一吃就變聰明，難道這餅乾是傳說中的聰明藥……

12

今天葉老師付錢向我買了兩包餅乾，整個過程可以這樣想：

葉老師「付」了40元給我

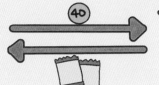

我「付」了兩包餅乾給葉老師

把40元「付出去」，可視為 -40 元，

身上的 2 包餅乾「付出去」，可以視為 -2 包餅乾。

嗯嗯～「付 40」唸起來跟「負 40」一樣，真是聰明的想法。

但是葉老師今天其實付了我 50 元，我找他 10 元，所以事情是這樣：

付了兩次變成正的，不就是「付付得正」嗎？

葉老師付了 50 元，可以分為 -40 與 -10

其中 -10 的部分，後來由我又一次「付」給葉老師。

因為這 10 元被「付」了兩次，所以變成 +10 元！

哇！毛弟你真的懂了吔！這餅乾也太神奇了……

我也知道了！

你也懂了？

果……果然……

這個餅乾是臭豆腐口味啦！

13

生活中的負數

　　生活中我們多半使用整數與人溝通，常用的整數中最小的是 0，代表沒有。例如：桌上有 5 片蛋糕，吃了 1 片，還有 4 片；如果 5 片都被吃了，也就沒有蛋糕了，可以說剩下 0 片蛋糕。那麼，0 是最小的數嗎？並不是，有一種數比 0 還小，稱為**負數**。

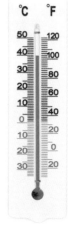

▲溫度計用顏色區分零上和零下，圖中紅色的部分就是零下溫度。

　　何時會用到負數呢？攝氏 0 度（0℃）是水開始結冰的溫度，比 0℃ 低的溫度，稱為「零下溫度」，通常在數字前加上負號「-」。例如：攝氏零下 6 度記成 -6℃，讀作攝氏負六度。比 0℃ 高的溫度稱為「零上溫度」，記錄時通常省略前面的正號「+」，讀的時候也會省略「零上」兩個字。例如：攝氏零上 15 度記成 15℃，讀作攝氏十五度。

　　建築通常以一樓為基準，地下一樓稱為 B1，地下二樓稱為 B2……數字前面的 B 字是英文 Basement（地下室）的簡寫，因此大樓電梯的按鍵上常可見到 B1、B2……不過，有些電梯的地下樓層會以負數表示，例如下圖按鍵中的 -1 代表地下一樓，若有地下二樓則是 -2。

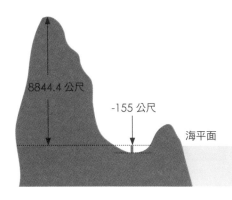

海平面的高度通常標示為 0 公尺，比海平面高 5 公尺，稱為海拔 5 公尺。世界最高峰珠穆朗瑪峰的高度是 8844.4 公尺，稱為「海拔 8844.4 公尺」，記作 +8844.4 公尺，前面的「+」通常省略不寫，也省略不讀。相反的，吐魯番盆地的高度比海平面低 155 公尺，稱為「海拔負 155 公尺」，記作 -155 公尺。

更多的負數

除了溫度和高度，正數和負數也能用來表示方向。假設以現在站的位置為基準，向東走 300 公尺以 +300 公尺來表示，那麼向西走 300 公尺是 -300 公尺。這時的正、負代表兩個相反的方向。

正、負還能代表存款和提款兩種不同的動作，假設存款 5000 元為「+5000」元，提款 5000 元就是「-5000」元。同樣的，正、負數也能表示商店的營收狀況，盈餘用「+」來表示，虧損用「-」來表示。

此外，公車上的人數也可以用正、負來區別，假設某一站有 8 人上車，記作 +8 人，下車 5 人就記作 -5 人，是不是很方便又清楚？

負數的應用很廣泛，只要是相反的動作，都可以用正負數呈現。例如水庫的水位上升用「+」表示，下降用「-」表示。學會這種記錄方式，就能更簡單明確的表達事物的狀況！

小試身手

請用「+」和「-」記錄：

①地球表面的最低氣溫在南極，是攝氏零下 89.2 度，記作（　　）℃。

②地球上最鹹的湖是死海，低於海平面 422 公尺，記作（　　）公尺。

③玉山高於海平面 3952 公尺，記作（　　）公尺。

你今天數字占卜了嗎？

幸運色……粉紅……然後，幸運物是……

哇！快遲到了！

媽媽，掰掰！

咦？掰、掰掰……

呼……好險沒遲到……

小南早！

咦？小南你……

為什麼戴著太陽眼鏡啊？

呃……呃……

因為……因為今天太陽有點大嘛……

髮帶顏色也換了吔！

但這裡是室內呀！

那是因為……

小南～～

早安！

桃、桃子早安！

啊哈！我就知道，小南今天也選 91 對嗎？

嗯……嗯……

太好了！那等等一起去今天的幸運場所圖書館，說不定有機會遇到白馬王子！

好……

那先這樣啦！

好……

什麼是幸運場所呀？聽不懂……

唉唷……只好告訴你們了……

17

從那個時候起我就超喜歡 24 這數字的！

原來是這樣啊……

可是……其實所有的數字都可以把加減乘除全部用上地……

咦！什麼！？

我、我不信！

真的啊！不然你隨便說一個數字。

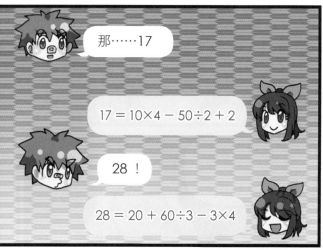

那……17

$17 = 10 \times 4 - 50 \div 2 + 2$

28 ！

$28 = 20 + 60 \div 3 - 3 \times 4$

就算是 24，也還有很多種寫法唷！例如：

$24 = 15 \div 3 + 25 - 1 \times 6$

$24 = 4 + 7 \times 4 - 64 \div 8$

真……真的地……

這麼說來，24 根本一點也不特別嘛……

別這麼說，其實每個數字有獨特的表達方式喔！

喔？

就是用「質因數分解式」來表達。

這樣一來，你喜歡的 24 只有一種表達方式，而且跟其他的數字都不同喔！

質因數分解式？有點難懂也！

你可以把它想成每個數字的「身分證號碼」。

數字國身分證
姓名：2 4
身分證號碼：$2^3 \times 3$

24

數字也有身分證號碼？

質因數分解是把數字用相乘的組合來表示，而且每個因數都必須是質數。

例如：$24 =$
$8 \times 3 = 2 \times 2 \times 2 \times 3 = 2^3 \times 3$
$2^3 \times 3$ 就是 2^4 的身分證號碼。

好好玩！那我試試看：
$36 = 3 \times 12 = 3 \times 3 \times 4 = 3^2 \times 4$
所以 $3^2 \times 4$ 是 36 的身分證號碼！

不對喔！

咦？

因為 4 不是質數，它還可以分解成 2×2。

一定要用質數來組合，才能得到獨一無二的身分證號碼。

$36 = 3^2 \times 4$
$= 3^2 \times 2 \times 2 \times 3^2 \times 2^2$

什麼是質數啊？植樹？

質數就是不能再被分解的數，例如 2、3、5、7

$6 = 2 \times 3$
可分解，不是質數

$5 = 1 \times 5$
無法分解，是質數

所以質數的身分證號碼就是 1 乘以自己：

數字國身分證

$2 = 1 \times 2$
$3 = 1 \times 3$
$7 = 1 \times 7$
$11 = 1 \times 11$
⋮

什麼嘛，質數的身分證也太無聊了吧！24 的好玩多了！

果然還是喜歡 24 啊……

話說回來，花帥呢？

咦？不知不覺就不見了耶！

圖書館

視若無睹

不知道今天有沒有正妹選了 91……

透過質因數分解，可輕易找出最大公因數和最小公倍數！

質因數分解的妙用

有甲、乙兩個整數，若甲能整除乙，甲就是乙的**因數**。只有 1 和本身兩個因數的整數稱為質數，當因數為質數時，稱為**質因數**。每一個數字都可記成質數的連乘積，稱為**質因數分解**。例如：

$12 = 2\times2\times3 = 2^2\times3$ 　　 $18 = 2\times3\times3 = 2\times3^2$

利用列舉的方式，可找出不同數字共同的因數，也就是**公因數**，及共同的倍數，也就是**公倍數**，但透過質因數分解式會更容易尋找。例如：

$12 = 2\times\boxed{2\times3}$ 　　　　 $18 = \boxed{2\times3}\times3$

兩個分解式共同的部分 $\boxed{2\times3}$ 就是最大公因數。最小公倍數必須包括兩個數所有的質因數乘積，所以是 $2\times2\times3\times3 = 36$

使用質因數分解的記法，也可以迅速把數字分組。

例如：**有八個數字：16、96、24、56、32、48、40、72，把這些數字兩兩配對分成四組，每一組數字的最大公因數都是 8，該怎麼分呢？**

先把數字分解成質因數的連乘積，因為每一組的最大公因數是 8，也就是除了 8（$2\times2\times2$）之外，不能再有其他公因數。透過觀察，很快就能找出答案。因為：

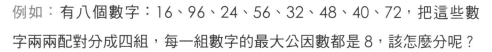

$16 = 2\times2\times2\times2$ 　　 $96 = 2\times2\times2\times2\times2\times3$ 　　 $24 = 2\times2\times2\times3$

$56 = 2\times2\times2\times7$ 　　 $32 = 2\times2\times2\times2\times2$ 　　 $48 = 2\times2\times2\times2\times3$

$40 = 2\times2\times2\times5$ 　　 $72 = 2\times2\times2\times3\times3$

所以，四組數字分別為：

16、72	56、96
24、32	40、48

小試身手

小毛忘了提款卡密碼，只記得四位數密碼 abcd 藏在 1820 的質因數分解式中，你能幫小毛找回他的提款卡密碼嗎？

1820 質因數分解式：$1820 = 2^a\times b^1\times c^1\times13^d$

生活語音小幫手

我是阿布拉！

哈哈哈

喝！

毛弟加油！
花帥加油！

看我的！

咦！那不是⋯⋯

太幸運了！

好機會！看
我帥一個！

喝呀！

咦？

哇啊！

花帥你沒事吧！

流血了！

好、好痛……

嗚嗚……怎麼辦……
花帥你不要死……

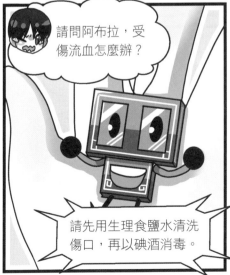

請問阿布拉，受
傷流血怎麼辦？

請先用生理食鹽水清洗
傷口，再以碘酒消毒。

沒帶這些東西吔……

最近的藥局在東北方 200 公尺處。

我立刻去買！

十分鐘後

呼！處理好了。

請在陰涼處休息以避免中暑。

花帥，這是什麼東西啊？

它叫阿布拉，是 YS 公司出的最新商品「生活語音小幫手」！

我媽買給我的

生活語音小幫手？

對呀，生活大小事都可以問它。像是受傷怎麼處理，公車何時會來，算帳等等。

好像很厲害的樣子。

哇！它數學也很厲害嘍！

好好喔！這樣就不用自己算了她！

哈哈，你們要不要試試看。

請問阿拉布，1+1 等於多少？

1＋1＝2。還有我叫阿布拉。

哇！真的會算數她！阿拉布好厲害！

我是阿布拉！

我來出個難一點的。請問阿布拉，1436＋632×20－5566＋9527 等於多少？

18037。

如何？阿布拉算對了嗎？

啊……我算一下……1436＋……

再換我來～

請問阿布拉，3×4 等於多少？

12，我叫阿布拉……

那 50 除以 8？

6.25

125 的平方？

15625

6 除以 0？

……

咦?奇怪?怎麼不說話了?

毛弟,怎麼了?

阿拉布不說話了。

我是阿布拉!

看起來沒問題啊!

那我再試一次:6除以0等於?

……

真的不說話了吔!當機嗎?

應該是毛弟問倒它了!

咦?

因為「6除以0」是一個沒有意義的問題呀!

沒意義?

任何數字除以0都是沒有意義的,所以也沒有分母為0的分數存在。

0也是一個數字呀!為什麼偏偏不能除?

這不難理解啊!

你想想，今天假設有 6 塊蛋糕，有 6 個人要分，一個人可以吃幾塊呢？

$6 \div 6 = 1$，1 塊啊。

如果有 3 塊蛋糕要分給 6 個人呢？

$3 \div 6 = 0.5$，一個人只能吃半塊！

如果今天根本沒有蛋糕分給那 6 個人呢？

$0 \div 6$……就大家都沒得吃嘛！

問題來了，如果有 6 塊蛋糕，但沒人在，一個人可以吃幾塊呢？

什麼鬼問題呀？

你看，剛剛的每個問題，答案都是蛋糕數除以人數。可是最後一個問題很奇怪，明明沒有人，怎麼會問一個人可以吃幾塊呢？

沒人要吃我……

嗯……的確是很奇怪的邏輯，所以，好像真的不能除以 0 吔。

不只是好像，其實可以從數學來證明，除以 0 是不合理的行為。我們都知道，如果 $a \div b = c$，a 會等於 $b \times c$。

嗯嗯。

如果 $a \div 0$ 也等於一個數 d，會導致 $a = 0 \times d$ 這種奇怪的結果，因為任何數乘上 0 都應該是 0。

真的他，d 這個數也太奇怪了吧！

所以 d 根本就不存在。

啊！正妹還在……

眼神飄走～

正妹來了！請問阿布拉我該怎麼辦才好？

您的體溫升高中，請在陰涼處休息以避免中暑。

不對啦！請問阿布拉，想表現得很帥氣該怎麼做？

今年春夏男裝最新流行元素是日式和風印花。

不對啦！請問阿布拉，該跟女生說些什麼，才能讓他開心呢？

正在搜尋笑話大全，請稍候……

有一天香蕉跌倒了，從此變成了茄子……哇哈哈哈……

嗤嗤嗤……

不好笑……嗚……他走了啦……

都你啦！

搖晃！搖晃！

您的體溫再次升高，請……請……在陰涼處……變成茄子……

咦？怎麼胡言亂語了？

阿拉布沒電了嗎？

我是阿……布……拉拉拉……

看來是沒電了。

剛好附近的 YS 超市電池正在特價，一起去買吧？

YS 超市

每種組合的電池數目不太一樣呢！

電池組合一律 80 元

嗯，從 8 到 12 個都有。

那當然是買最多的嘍！

比較一下這些牌子的電池單價，會發現以 C 牌電池為基準的話，另外四種牌子中，電池數愈接近 10，單價愈接近 C 牌的單價。

那又怎麼樣呢？

喔！

A 牌
$\frac{80}{8} = 10$

C 牌
$\frac{80}{10} = 8$

E 牌
$\frac{80}{12} = 6.666\cdots$

B 牌
$\frac{80}{9} = 8.888\cdots$

D 牌
$\frac{80}{11} = 7.72727\cdots$

這個道理可以用來證明不能除以 0 這件事喔！

什麼！？

算數就交給我了！

請阿布拉算算看以下這幾個式子就知道了！

已裝新電池

以 3÷6 = 0.5 為例

若分母比 6 小一點
3÷5.9 = 0.50888…
3÷5.99 = 0.50088…
3÷5.999 = 0.50008…
分母愈接近 6，結果愈接近 0.5

若分母比 6 大一點
3÷6.1 = 0.49111…
3÷6.01 = 0.49911…
3÷6.001 = 0.49991…
分母愈接近 6，結果愈接近 0.5

綜合來看，當分母從兩邊靠近 6，兩邊的結果都會愈來愈接近 0.5，所以 3÷6 = 0.5 是無庸置疑的。

可是如果分母是0，情況就不同了。

以 3 ÷ 0 = ? 為例

若分母比 0 小一點
3 ÷ -0.1 = -30
3 ÷ -0.01 = -300
3 ÷ -0.001 = -3000

若分母比 0 大一點
3 ÷ 0.1 = 30
3 ÷ 0.01 = 300
3 ÷ 0.001 = 3000

當分母從兩邊靠近 0，兩邊的結果卻愈離愈遠。

真的吔！

愈離愈遠……怎麼有股淡淡的哀傷……

你是想到他吧……

嗚嗚……愈想愈沮喪……阿布拉……

你需要讓你感到快樂的事，請稍候……

小明和小華到海邊比賽講笑話，為什麼後來兩個人都死了？因為……海笑了！哈哈哈……

不好笑啦～

你竟然笑了……笑點好低啊……

噗！

獨特的 0

0，是一個很特別的數字。

生活上，我們習慣說 0 就是「沒有」。教室裡沒有人，我們說：教室裡有 0 個人；皮包裡沒有錢，我們說：我身上有 0 元。但在數學上，0 是一個整數，在數線上同樣占了一個位置。

◀把數字標示在一條線上，就成了數線。數線上 0 的右側是正數、左側是負數。0 是區分正負數的整數，既不是正數，也不是負數。

在加法計算中，**任何數加 0，都是原來的數**：
例如 0 ＋ 1 ＝ 1；2 ＋ 0 ＝ 0，意思是：任何數加 0，和沒有加是一樣的。

在減法計算中，**任何數減 0，也都是原來的數**：
例如 3 － 0 ＝ 0，任何數減 0 同樣等於沒有減去任何數。

在乘法計算時就不一樣了，**任何數乘上 0 的結果都是 0**：
例如 4×0 ＝ 0，意思是 4 的 0 倍是 0；0×5 ＝ 0，意思是 0 的 5 倍也是 0。

除法計算更特別，**0 除以任何數的結果都會是 0**：
例如 0÷6 ＝ 0，意思是，沒有東西要平分成 6 份，每一份都沒有東西。

但是，0 不能作為除數，**任何數除以 0 都沒有意義**：
例如 7÷0，這個算式並不存在，7 個東西無法平分成 0 份。

假設 7÷0 ＝ A，那麼 A×0 就會等於 7，但是前面我們說過：任何數乘以 0 的結果都是 0，不可能是 7，因此矛盾，所以 0 不能作為除數。

數學上，我們會把 a÷b 記成 $\frac{a}{b}$，由於 0 不能作為除數，因此 0 也不能作為分數的分母。

0 並不是沒有

　　雖然 0 不能當成除數和分數的分母，但是在數學上，0 並不是「沒有」。除了在數線上，0 是一個區分正、負數的整數，溫度計上的 0 度，也是一個真實存在的溫度，而不是「沒有」溫度。在平面座標中，0 則是原點的位置。

任何數加 0、減 0、乘 0，結果都是 0！但除以 0 是沒有意義的。

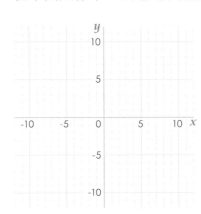

　　電子鐘在「凌晨零時」會顯示 00：00，這也不是「沒有時間」的意思！「0」真是一個特別的數字呢！

◀平面座標是使用 x 軸與 y 軸表示位置的系統，x 軸在 0 的右邊為正、左邊為負；y 軸在 0 的上方為正、下方為負。

印度的無

0 的概念出現得很早，四千多年前的印度教經典上早有記載。古代的埃及、巴比倫、瑪雅等文明，也出現過同樣的概念。不過，最早把 0 當成數字應用在計算中的人，可能是 1400 多年前的印度數學家婆羅摩笈多，他率先提出了 0 的計算規則，而那時的 0 有另一個名稱，意思是「無」。

小試身手

0 在數字裡，並不一定會讀出「零」，例如：10 讀作「十」、100 為「一百」、1000 為「一千」……但某些數字裡的 0，卻非讀出「零」不可，例如：101 讀作「一百零一」、1020 為「一千零二十」……你能寫出一個必須讀出兩個「零」的數字嗎？
提示：50301 你會怎麼讀呢？

奇數偶數
變魔術

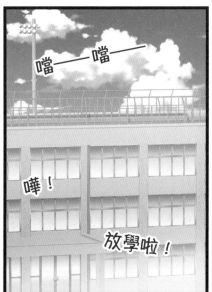

噹——噹——

嘩！

放學啦！

小南、花帥，我先走嘍！

掰掰。

我回來了！

呼……趕上了！今天是「海賊活寶」最後一集，非看不可！

我回來了～

太好了，我趕上了！

啊！

姊～給我看啦！今天是海賊活寶最後一集啦！

不——行——！今天有 YS 樂團上的節目，我要看娛樂新聞！

我要看海賊活寶啦！

那種幼稚的卡通有什麼好看的。

哼！YS 樂團的人又不帥，也沒什麼好看的！

你敢批評他們！！你・死・定・了！

我要看！遙控器給我！

想得美！我死也不會把遙控器給你！

給我！

唉唷！

你們兩個吵——死了！

再吵！兩個都死・定・了！

好吧好吧，那我們公平競爭。

你的左手握的是⋯⋯
5・塊・錢！

啊啊啊啊～～～
被猜到了！

喔！是偶數嗎？讓
我感應一下喔⋯⋯

我感應到了。
哼哼⋯⋯

你乖乖去寫
功課吧！
掰～掰～

嗚嗚⋯⋯

讓我們歡迎
YS 樂團！

隔天

毛弟早，怎麼看起來
這麼沒精神？

小南⋯⋯嗚⋯⋯
小南⋯⋯

怎、怎麼了？

原來是這麼一回
事！害你沒看到
海賊活寶⋯⋯

都怪我倒楣……
被姊姊猜中手裡
的硬幣……

嗯……不過
其實啊……

毛弟，你……
被你姊姊騙
了啦……

什麼！？

你姊姊利用奇數、偶數
的性質，推算出你手裡
的硬幣了！

奇數、偶數
的性質？

偶數就是 2 的倍數，
換句話說，兩個兩個
數可以數得完。

偶數

兩個一組會剛好數完

奇數是「不是 2 的倍數」
的數，換句話說，兩個兩
個數最後會剩下一個。

奇

兩個一組會剩一個

在乘法中，偶數的勢力比較大。
偶數乘以任何數，都會變成偶數。

偶 × 偶＝偶
偶 × 奇＝偶
奇 × 偶＝偶
奇 × 奇＝奇

只有奇數 × 奇數
才會得到奇數。

奇數好可憐。

因為如果有「偶數個奇數」，原本奇數剩下無法湊對的那個數就有伴了，所以偶數乘以奇數會得到偶數。

我有伴了！

我也是！

另外，偶數與奇數的加法組合會像這樣：

偶＋偶＝偶

偶＋奇＝奇

奇＋偶＝奇

奇＋奇＝偶

知道這些性質之後，就能揪出毛姊姊的詭計了！

是喔！我還是不知道……

毛姊姊故意要你一手乘以偶數、一手乘以奇數。再叫你告訴他加起來的總數是奇數還偶數。

偶   奇

狀況 1

10   5

$10×7 = 70，5×6 = 30$，總和＝ 100   奇數

狀況 2

5   10

$5×7 = 35，10×6 = 60$，總和＝ 95   偶數

如果總和是奇數，代表兩數相加時其中一個數是奇數。而能出現奇數的組合只有 5×7，所以右手握的一定是 5 塊錢。

奇

5×7

但你告訴他總和是偶數，所以會是另一種狀況。換句話說，左手握的才是 5 塊錢。

原來如此……我被騙了……

嗨！你們在聊什麼？

是花帥！

哈哈……毛弟昨天被毛姊姊騙了。

不要說出來啦！

哼，果然就是你這種笨蛋才會被騙。

我才不是笨蛋！換做你，也會被騙的！

我這麼聰明，才不會被騙。

那來試試看！

來啊來啊！

42

好，那你左右手各握一個硬幣讓我猜。

來猜啊！

你把左手乘以 6，右手乘以 7，然後兩個數字加起來，告訴我是多少。

那有什麼問題，是 100！

啊哈！你左手握的就是 5．塊．錢！我猜對了吧？

登愣！猜錯嚕！

怎、怎麼會！連你也騙我！

我哪有騙你？10×6＝80，7×5＝30，兩個相加是 100 啊！

……這算數……也太謎了吧……

好孩子加減乘除一定要學好喔！

一個都不能少

　　不知道大家有沒有這樣的經驗：出門前發現襪子只有一隻、吃飯時發現筷子只帶了一根、需要手套時發現找不齊兩隻……真是麻煩極了！因為每個人身上都有兩隻眼睛、兩隻耳朵、兩隻手、兩條腿，所以許多物品必須兩兩存在，一次做一雙（兩隻）才能使用。這些成雙成對的數，稱為**偶數**，生活中也稱為「雙數」；不能兩兩一數的數，稱為**奇數**，生活中也稱為「單數」。

　　我們從小開始學習數數，1、2、3、4、5、6……是一個奇數、一個偶數間隔的數；奇數後面接的一定是偶數，偶數後面接的一定是奇數。

1 ●　　　　　　　奇數
2 ●●　　　　　　偶數（把兩個 1 合起來）
3 ●●　●　　　　　奇數（一個偶數加一個奇數）
4 ●●　●●　　　　偶數（兩個偶數合起來）
5 ●●　●●　●　　　奇數（偶數 4 加上落單的 1）

　　兩個奇數能合成一個偶數，偶數相加永遠是偶數，只有一個奇數加一個偶數會成為奇數。因為奇數必定有一個落單的數，需要找到另一個和它同類的奇數，才能把兩個落單的 1 合成一個偶數；偶數本身就是成雙成對的，無論多少個偶數加在一起都會是偶數。

　　如果把加法轉換成乘法，由於不管多少個偶數加在一起，都會是偶數，所以「偶數 × 奇數」或「偶數 × 偶數」，都會是偶數。例如：
偶數乘以偶數（兩組偶數）：●●　●● 結果是偶數

偶數與奇數的加法組合會像這樣：
偶＋偶＝偶
偶＋奇＝奇
奇＋偶＝奇
奇＋奇＝偶

在乘法中，偶數的勢力比較大。偶數乘以任何數，都會變成偶數。
偶 × 偶＝偶
偶 × 奇＝偶
奇 × 偶＝偶
奇 × 奇＝奇

偶數乘以奇數（三組偶數）：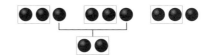結果是偶數

　　兩個奇數相乘時，因為落單的 1 無法全部組成偶數，所以結果是奇數。只有「奇數 × 偶數」時，才有機會成為偶數。例如：

奇數乘奇數（三組奇數）：

其中兩組奇數可以合成一個偶數，剩下的一組仍留下落單的數，因此結果還是奇數。但當奇數乘偶數時，所有落單的數都能兩兩配對，所以結果會是偶數。例如：

奇數乘偶數（四組奇數）：

　　從上面的規律看起來，也許你會覺得偶數似乎比奇數占便宜，但其實並沒有！整數裡，有一半是奇數、一半是偶數。伸出一隻手來看看，有 5 根手指頭，這就是奇數！

　　生活中還有許多事物使用奇數和偶數來分類，例如：街道上的門牌號碼，一側是奇數，另一側是偶數；國道的編號，縱向是奇數，橫向是偶數；某些客運車的座位，走道的一側是奇數，另一側是偶數；是不是很有趣呢？大家不妨再睜大眼睛從生活裡尋找，偶數和奇數出現在哪些地方？它們可是同等重要的數，誰也不能少呢！

小試身手

①有 27 輛車，想分別停進四個停車場，可是規定每個停車場只能停奇數輛車，你能做到嗎？說說看你的理由。

②甲、乙、丙三人的零用錢加起來是奇數。甲比乙多 3 元，請問三人的零用錢各是奇數或偶數？

你的發票中獎了嗎？

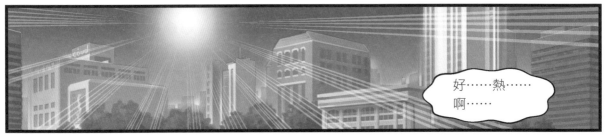

好……熱……啊……

為什麼偏偏是今天冷氣壞掉呢……

你還好意思說……

是誰昨天亂拆，把冷氣弄壞的！

那是因為冷氣愈來愈不冷，我才想拆開來看看呀！

可是拆了之後，連一點風都沒有了！

還不是因為你一直在旁邊抱怨！

我抱怨關你什麼事！

聽你抱怨會更熱啊！

46

算了，我要去拿冰棒來吃。

我也要吃冰棒。

幹嘛當跟屁蟲！

我哪有當跟屁蟲，我只是剛好也想吃冰棒。

是我說想吃冰棒你才說要吃的！

我本來就想吃！只是比較晚講！

反正你就是跟屁蟲！走開啦！

我才不是跟著你，我只是剛好要去廚房而已。

啊！

剩一支……

不會吧……

這支當然是我的，因為我先到，而你是跟·屁·蟲。

才怪！我們是一起到的，而且冰棒是我先看到的。

還有！我不是跟·屁·蟲！

誰說是你先看到的？

打開冷凍庫的時候，冰棒離我比較近，光跑的距離比較短！所以是我先看到的！

可是冷凍庫是我打開的！你還沒看到，光線已經從冰棒反射到我眼睛裡了！

才怪！冷凍庫裡那麼暗！才沒有光線跑到你眼睛咧！

總之冰棒是我的！

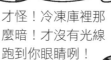
是我的啦！

47

不——要——吵——了——！

太熱了實在懶得管你們……結果居然吵架吵了兩頁……

媽，你這樣好像融化的雪人……

你們之前答應我的事情都忘了嗎？

《好好笑漫畫數學：買賣大作戰》

媽，對不起啦！我們以後不會再吵架了！

媽……對不起……都是因為姊姊搶走我的冰棒……

我哪有搶你冰棒，冰棒上又沒有寫名字。

鯨吞！

就是這樣。

！！

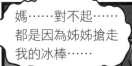

既然這樣，有個很公平的解決方式。

好了，現在去 YS 超市買新的冰棒吧。

遵命……

YS 超市

還要買麵粉⋯⋯

媽！麵粉在這！

喔？你怎麼這麼熟？

之前陪小南買餅乾材料時買過。

沒錯～

哇！小南出現了！

毛媽媽好～

是小南啊！真巧！

你怎麼突然出現⋯⋯

我來買做餅乾的材料啊！

東西都拿得差不多了，去結帳吧！

麵粉
砂糖
雞蛋
奶油
牛奶
地瓜葉
芭樂

一共是 2266 元。

這是您的發票。

哇！竟然有三張地！

太好了！這樣比較容易中獎！

比較容易中獎？

最好是啦！

聽說連號的發票比較容易中啊！

真的啦！我上一次對獎的時候……

哈哈哈！這麼多張發票，一定會中的！

嗯……609……

啊！差一號！

這張是上次買飲料拿到的……早知道就排後面一點……

幸運兒

嗚啊！又差一號！

這張是上次買麵包的……被別人插隊了，可惡……

插隊還中獎

50

之前就是沒拿到連號發票……所以都沒中……

也太衰了吧。

這次不同了!連三張都是我們的!一定中!

最好是這樣就會中獎啦!

一定中!

不要唱衰我!

才連號三張而已,要中至少也要連號 30 張吧!

要那麼多啊!?

我同學曾經號召全班一起排隊買東西,每人拿一張發票,我們連拿了 30 張,說好中了大家分。

結果有中嗎?

就真的中了一張 200 元啊!大家買零食來吃,超開心的!

哇~好好喔!

你們在聊什麼?

對了!小南的發票也跟我們的連號啊!

太好了,這樣我們中獎的機率又增加了!

可是不管連不連號,中獎機率都一樣呀!

7-8月 統 狀

16256820

與上列號碼相同者獎金1,000萬元

33378146

與上列號碼相同者獎金200萬元

92040881

99971012

70124883

與上列號碼相同者...萬元
與頭獎末7碼相同者...萬元
與頭獎末6位相同者...千元

對中可得
200元

以最小獎來說，發票末三碼
對中頭獎號碼的末三碼，可
得到 200 元獎金。

頭獎末三碼從000~999，
共有 1000 種可能性。所
以每張發票對中最小獎的
機率都是：

$$\frac{3}{1000}$$ ← 三組頭獎
← 1000 種可能

換句話說，不管有無
連號，每張發票的中
獎機率都是一樣的。

可是我們上次湊
了 30 張，就真
的中了啊！

30 張不連號　　**30 張連號**

中獎機率相等！！

手上有 30 張發票，中獎
機率會是 1 張發票的 30
倍，跟連不連號無關。

最主要的原因，
是因為你們的發
票夠多張。

什麼！居然一樣，那下
次叫大家把自己的發票
拿出來湊 30 張就好，
不用一起去排隊了嘛！

雖然多人湊到 30 張，
中獎機率比較高，但
期望值和你獨自對發
票是一樣的喔！

期望值？

期望值的意思，
是「預期可以得
到的報酬」。

以發票最小獎為例子，中獎機率是
3/1000，但中了就可以得 200 元，
所以每張發票的期望值就是：

$$\frac{3}{1000} \times 200 = \frac{600}{1000}$$

換句話說是 0.6 元。

從另一個角度來解釋期
望值，就是「每張發票
平均能得到的獎金」。

0.6元 0.6元 0.6元

假設我們有末三碼 000 ～ 999 的發票各一張，其中有三張會中獎，總共會得到獎金

$200 \times 3 = 600$ 元

因此 1000 張發票平均下來，每張能得到的獎金是 0.6 元。

如果毛姐姐有五張發票，獎金的期望值就是 3 塊錢。

假設你多找五個人各出五張發票湊成 30 張，雖然中獎機率變六倍，但若中獎也需大家平分，所以期望值還是 3 塊錢。

中獎機率

$$= \frac{3}{1000} \times 5$$

$$= \frac{15}{1000}$$

期望值

$$= \frac{15}{1000} \times 200$$

$$= \frac{3000}{1000}$$

$$= 3 \text{ 塊錢}$$

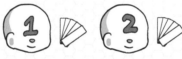

共 30 張

中獎機率

$$= \frac{3}{1000} \times 50 = \frac{90}{1000}$$

期望值

$$= \frac{90}{1000} \times 200$$

$$= \frac{18000}{1000} = 18$$

六人平分

$$\frac{18}{6} = 3 \text{ 塊錢}$$

這樣說來，有些人為了多拿發票對獎，故意去消費買不需要的東西，是不划算的？

被說中了

咦？

因為每張發票可能得到的回報是 0.6 元，就算只花 1 元買東西，還是虧 0.4 元。

答對嘍！

舉一個更明顯的例子：假設一張彩券賣 100 元，中獎可以得到 500 元獎金，中獎機率是 10%，期望值是多少呢？

$500 \times 10 \div 100$
$= 50$ ？

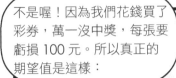

不是喔！因為我們花錢買了彩券，萬一沒中獎，每張要虧損 100 元。所以真正的期望值是這樣：

中獎機率	獎金	期望值

$$\frac{10}{100} \times (500 - 100) = 40$$

沒中獎機率　獎金（虧損）　期望值

$$\frac{90}{100} \times (0 - 100) = -90$$

售價 100 元

真正的期望值

$$40 - 90 = -50$$

竟然是負的！

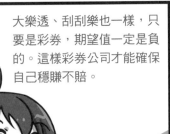

大樂透、刮刮樂也一樣，只要是彩券，期望值一定是負的。這樣彩券公司才能確保自己穩賺不賠。

彩券公司心機好重喔！

商人才不是笨蛋。

萬一他推出正期望值的彩券，不就賣愈多虧愈多嗎？

不過發票沒這問題！因為不用花錢，而是消費順帶贈送的「抽獎券」。

而且主動索取發票，還可以避免店家逃漏稅……

啊！！！

怎麼了？

到底是為什麼才來的啊！

最重要的冰棒忘了買了！

那再進去買一趟吧！

真是的……

這樣可以多拿一張發票啊！

説的也是！走吧走吧！

買東西記得主動索取發票喔！

我這次都沒出場……

期望值有多少？

期望值的概念，起源於賭金的分配。曾有一位愛好賭博的法國人向數學家巴斯卡（Blaise Pascal）提出分配賭金的問題：甲乙兩人各出資 32 金幣進行比賽，規定必須要贏三局才能贏得賭金，第一局甲贏了，這時賭局被迫中止，且無法繼續比賽。那麼該如何分配賭金呢？

巴斯卡認為應該依據兩人獲勝機會的比例分配賭金才算公平。他計算了一番，算出甲獲勝的機率為 $\frac{11}{16}$，乙獲勝的機率為 $1 - \frac{11}{16} = \frac{5}{16}$ 甲乙兩人獲勝的機率比為 $11 : 5$，總賭金為 64 金幣，因此：

甲應分得：$64 \times \frac{11}{16} = 44$ 金幣　　乙應分得：$64 \times \frac{5}{16} = 20$ 金幣

甲、乙兩人應分得的賭金，就是「期望值」。

期望值由「事件發生的機率」及「事件發生後可能獲得的好處」所決定，漫畫中計算了統一發票中獎 200 元的期望值，那麼中獎 1000 元的期望值呢？每 10000 張發票中會有 1 張對中末四碼，可得 1000 元。所以，期望值是：$\frac{1}{10000} \times 1000 = \frac{1000}{10000}$ 元。

期望值也可用平均值來計算。例如：盒子裡有 10 元硬幣和 5 元硬幣各四枚；任意抽出三枚硬幣，期望值是多少元呢？盒內共有八枚硬幣、60 元，平均每枚硬幣的期望值是 $\frac{60}{8}$，三枚硬幣期望值是 $\frac{60}{8} \times 3 = 22.5$ 元。

小試身手

投擲一個質地均勻的骰子，投出比 4 大的點數就可以獲得 300 元獎金，期望值是多少？

追著精靈出發吧！

呼～吃飽了！

剛吃飽就是要看電視……

咦？

我出門嘍！

姊，你要去哪？

我去散散步。

你什麼時候變這麼勤勞了？

散步有益身體健康啊！一直坐在沙發上，小心變成馬鈴薯！

哪有人一吃飽就出門的啦？真奇怪！

唉唷～我有很重要的事情嘛！掰掰啦！

一吃飽就吃餅乾才奇怪吧？

這傢伙最近老是這樣，管也管不動。唉！

莫非有什麼祕密？

隔天一早

嗯？

啪沙啪沙

你這麼早起幹嘛？

現在才七點吧！

啊，你醒啦？

不會吧？你要出門？

沒錯，掰掰啦！

砰！

……？？？

好，我決定了！

咦？北頭公園？

這麼早，公園裡只會有運動的伯伯阿姨吧⋯⋯

來這幹嘛⋯⋯

哇！

人～山～人～海～

小精靈啊～

小精靈～

快出來～

這⋯⋯這是什麼宗教儀式嗎⋯⋯

你在幹嘛？

哇！！！

幹嘛跟蹤我啊？跟屁蟲！

誰叫你最近都鬼鬼祟祟的！

我哪有鬼鬼祟祟的，我只是⋯⋯

嗡

有小精靈！先不跟你說了！

小精靈？

花帥也有玩啊？

有啊！你看，這是我昨天在我家樓下抓到的痘痘小精靈⋯⋯

就是很流行的手機遊戲 YS GO 啊！

你們不要一直從我背後出現啦！

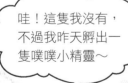哇！

喔喔喔！是最新的牠！

哇！這隻我沒有，不過我昨天孵出一隻噗噗小精靈～

而且 cp 值好高

好像很好玩⋯⋯

怎麼樣？想玩吧？快承認你是跟屁蟲！

我…我才不想玩呢！

啊！有傷口小精靈吔～

在哪？我沒看到啊！

只要你承認是跟屁蟲，今天我的手機就借你玩！

好吧……嗚……只有今天喔！

唉唷～你不會玩啦！

啊！

還我啦！

欸～真的沒有！

推

擠

沒有出現，但是在附近。

在附近是什麼意思？

200m

表示雖然看不到小精靈，但它其實在方圓200公尺內的某處。

那我們快去找！

沒抓到你就慘了

方圓 200 公尺應該不大吧？

到底出現了沒啊？

嗯⋯⋯沒有⋯⋯

不見了！

什麼！？

那代表我們走錯方向了！

那怎麼辦？

我們快往另一個方向走。

好，快走！

又不見了！

什麼！？

這邊也沒有⋯⋯那邊也沒有⋯⋯

小精靈是有時效性的⋯⋯再找不到應該就沒了⋯⋯

你們找到了嗎？

沒有⋯⋯

我也沒有⋯⋯

方圓 200 公尺其實還滿大的⋯⋯

而且小精靈又有時效性⋯⋯

62

因為不知道小精靈在哪個方向，所以只能隨意選一個方向移動。

先隨便走吧！

一直走到小精靈訊號消失，稱做B點。

訊號消失了！

A點　　B點

啊！我知道了！

因為到B點訊號消失了，所以小精靈應該在前面這個紫色區域裡。

A點
B點

可是這樣範圍還是很大啊！

沒錯！

其實小精靈的範圍還可以縮小，因為B點的訊號剛好消失，代表小精靈不在紫色區域的其他地方，而是在這條紅線上！

A點　　B點

假設小精靈在此

為什麼？

A點

還沒走到B點

不見了！

假設小精靈在A點的另一側好了，那我應該更早發現訊號不見了。

原來如此，難怪小南說要找訊號「忽隱忽現」的地方。

這樣就可以把範圍縮限在一條線上。

答對了！

那接下來怎麼辦呢？

應該是回頭去沿著線找吧？

還有更快的方法喔！

A點　B點

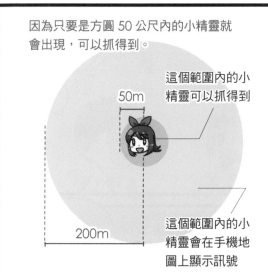

因為只要是方圓 50 公尺內的小精靈就會出現，可以抓得到。

50m

這個範圍內的小精靈可以抓得到

200m

這個範圍內的小精靈會在手機地圖上顯示訊號

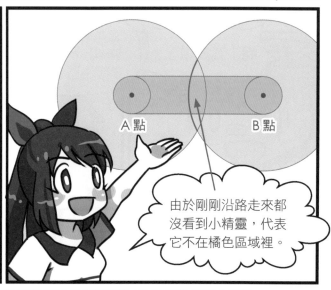

A點　B點

由於剛剛沿路走來都沒看到小精靈，代表它不在橘色區域裡。

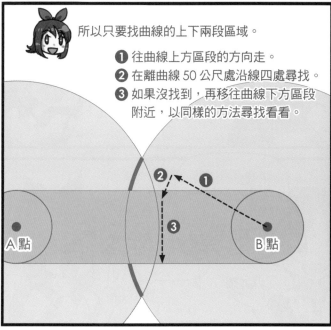

所以只要找曲線的上下兩段區域。

❶ 往曲線上方區段的方向走。
❷ 在離曲線 50 公尺處沿線四處尋找。
❸ 如果沒找到，再移往曲線下方區段附近，以同樣的方法尋找看看。

❷　❶

❸

A點　B點

如此一來，能減少尋找範圍，用最快的時間找出附近的小精靈。

真的省下很多冤枉路呢！

重要的是很省時間呢！

咦？附近有抽筋小精靈！

好！這次就用「小南的必勝法」來抓吧！

這次一定抓到！

哈哈！那我們出發吧！

這……

耶！YS GO！

這是什麼宗教儀式嗎……

我們回來了～

呼！幸好那隻香蕉怪被我們抓到了！

那是抽筋小精靈啦！哈哈！

媽媽～好渴喔！有飲料嗎？

咦？媽媽好像不在家欽？

奇怪了，媽媽會去哪呢？

該不會……

可惡！我的心電小精靈逃掉了！

座標與方位

在這個單元裡，小南和花帥、毛弟以圖像的方式進行推理，成功抓到不少小精靈。內容裡提到「方圓 200 公尺」，指的是以自己為圓心、200 公尺為半徑所圍成的圓形區域。

在測量工具還不這麼精準的年代，人們經常使用「方圓百里」這種說法來描述一個大範圍的區域。古代的「里」指的是村莊，唐朝有「里正」這個職位，一里指一百戶，五里稱為一鄉。後來「方圓百里」引申為「附近一片很大區域」的意思。

但在數學上，精準很重要，要如何描述才能把所在位置表達清楚？數學家利用的，正是座標與方位。

座標是指平面上或空間中某一定點的位置標示。例如教室裡一排一排整齊的桌椅，可以想成一個簡單的座標，每個座位可用一組數字表示，例如第二排第四個座位記成（2，4），代表「第 2 行、第 4 列」。

在平面上，我們用兩條相互垂直的線形成一個座標系統，水平的稱為 x 軸，垂直的稱為 y 軸，x 軸和 y 軸相交於原點 0，由於兩條軸線相互垂直，也稱為「直角座標」。座標圖上用原點 0 區分兩個不同的方向，例如 x 軸在原點右邊是正，左邊是負；y 軸在原點上方是正，下方是負。在這個座標上，只要定好單位長，就可以清楚標示任何一點的位置。

地圖上，我們常用 x 軸表示東西方向，y 軸表示南北方向，訂好單位長，可清楚表示街道和建築物的方位和距離。以臺北市為例：把忠孝路看成 x 軸，中山路看成 y 軸，可以把臺北市劃分成四個區域。x 軸正向是東路，負向是西路；y 軸正向是北路，負向是南路。找地圖來驗證，是不是果真如此？

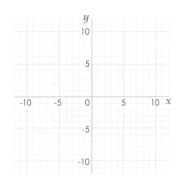

立體的位置標示

　　地球是立體的球形，不適合用平面座標系統定位，那麼飛機在空中或船隻在海上，該如何表示位置呢？

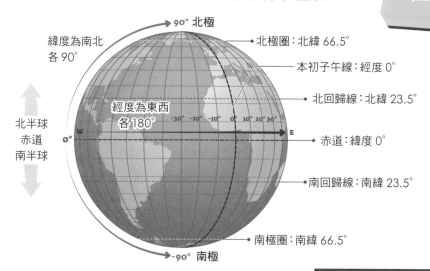

緯度為南北各90°

經度為東西各180°

北半球　赤道　南半球

90° 北極

-90° 南極

北極圈：北緯 66.5°
本初子午線：經度 0°
北回歸線：北緯 23.5°
赤道：緯度 0°
南回歸線：南緯 23.5°
南極圈：南緯 66.5°

　　地球上的座標，透過經線和緯線來表示。沿著東西方向，環繞地球一圈的線，稱為**緯線**，赤道是最長的緯線，赤道以北稱為「北緯」，以南稱為「南緯」。連接南北兩極並和緯線垂直的線稱為**經線**，也稱子午線，通過英國倫敦格林威治皇家天文臺的經線為 0 度，又稱本初子午線，0 度經線以東為「東經」，以西為「西經」，各有 180 度。地球上任何一點的位置都可透過經緯度來表示。

　　看了有關座標和經緯度的介紹，你是否也覺得，如果漫畫裡小精靈出沒的地點，也能依照座標與方位來表示，不就好找多了呢？

小試身手

① 除了忠孝東、西路與中山南、北路，請在地圖上找找看，還有沒有其他道路按照相同的座標，也分為南北或東西。

② 北回歸線通過臺灣花蓮的瑞穗鄉，請查查看，它的位置約在經度幾度、緯度幾度？你家的經緯度又各是多少？

誰是打擊王？

小～南～！

嗨～桃子。

小南，明天是星期六，你有空嗎？

哈，我正想問你呢！

明天要不要去逛街？我想買新的餅乾材料……

唉唷！逛什麼街？我們明天去看·棒·球·啦！

看棒球！？

對啊！我跟你說，YS紅隊的選手阿賢超帥的！

你什麼時候變棒球迷了？

你看，很帥吧？而且他最近還領養流浪狗，超有愛心喔！

是還滿帥的啦……

不過我想問一下……桃子懂棒球規則嗎？

當然啦！

那……棒球總共打幾局？

都差不多嘛

嗯？七局還九局吧？

唉唷！別問這麼多，明天一起去看就對了！

好好好……

好熱鬧喔！

YS 紅隊加油！！！

欸，桃子……

啊？幹嘛？

我們……有沒有坐錯位子啊？

阿賢

是這裡沒錯啊！
因為這裡離阿賢
最近嘛！

啊！他出
現了！

原來因為阿賢是
一壘手啊⋯⋯

阿賢～加油～

阿賢阿賢！全壘打！

桃、桃子，YS
紅隊現在是防
守方啦⋯⋯

亂喊一通⋯⋯

是小南和
桃子？

毛弟，你和姊姊
也來了？

對啊！我們是 YS
藍隊的球迷！

你只是一日球迷
吧！跟屁蟲！

我才不是跟屁蟲，
我也喜歡 YS 藍隊！

是嗎？那你説，
棒球一場比賽是
打幾局？

七⋯⋯七局
還九局吧？

還説你不是
一日球迷！

這對話怎麼
有點熟悉啊

像我，支持 YS 藍隊很久嘍！而且我是阿鋒的死忠粉絲！

阿鋒阿鋒全壘打——

啊！他要打擊了。

鏘

太棒啦！！！

太好了，多了這支全壘打，打擊王之爭阿鋒又領先了！

領先誰啊？

阿賢啦！

今年球季一開始，阿賢明明打超好的，打擊率有 0.6 咧！

還不是被阿鋒追上了，哼！

哇！好厲害！

今年的打擊王之爭超精采。到昨天為止，阿鋒和阿賢的打擊率完全一樣！

今天是最後一場比賽，誰是打擊王，就看今天的打擊成績了。

等等阿賢一定會打安打！誰是打擊王還不一定！

若是阿賢也打安打，他們的打擊率不就又平手了嗎？

哼！可是下一個打席，阿鋒也一定會再打安打的！

然後阿賢也會再打安打！

哇，然後又平手了！？

反正最後打擊王一定是阿鋒啦！

一定是阿賢啦！

萬⋯⋯萬一平手怎麼辦啊？

不會平手的。因為阿賢和阿鋒雖然打擊率一樣，可是打數並不一樣啊！

喔喔喔！小南要來解答了，所以打擊王是阿賢對不對？

是阿鋒啦！

這是今天比賽前的狀況。

	阿鋒	阿賢
安打	160	200
打數	400	500
打擊率	0.4	0.4

雖然打擊率都是0.4，可是阿鋒的打數只有400個，阿賢的打數卻有500個。

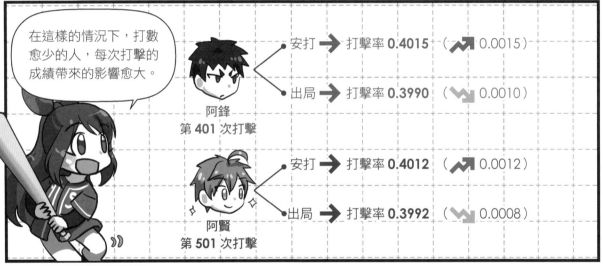

在這樣的情況下，打數愈少的人，每次打擊的成績帶來的影響愈大。

阿鋒
第 401 次打擊

安打 → 打擊率 0.4015 （↗ 0.0015）

出局 → 打擊率 0.3990 （↘ 0.0010）

阿賢
第 501 次打擊

安打 → 打擊率 0.4012 （↗ 0.0012）

出局 → 打擊率 0.3992 （↘ 0.0008）

因為阿鋒的打數比較少，所以同樣打出一支安打，阿鋒的打擊率得到的「增幅」會比阿賢多。

舉個極端的例子來說，如果今天我們四個人投票，有三票贊成、一票反對，會顯得反對的比例很低。

75%贊成   **25%反對**

但只要有一個人改成反對，反對比例會立刻攀升到 50%。

50%贊成 **50%反對**

若投票總人數不是四人，而是 400 人，那麼就算有一人跳槽，反對比例也只會提升一點點而已。

300 人

100 人

75%贊成 **25%反對**

↓一人跳槽到反對陣營

299 人

101 人

74.75%贊成 **25.25%反對**

投票人數愈多，每一票的影響力愈低。同樣的，打數愈多，每一次打擊的影響力也愈低！

簡單說，就是阿鋒比較占優勢啦！

小南才不是這個意思呢！若是阿鋒出局，打擊率也會掉得比較快！

可是阿鋒會一直打安打，不會出局。

阿賢也會一直打安打的！

嘩──啊──

怎、怎麼了？

剛剛阿賢也……

全壘打！？

哇哇哇！太好了！阿賢阿賢我愛你！

哼……沒關係，現在打擊率還是阿鋒領先。

桃子……這可是藍隊的陣營啊……

比賽繼續……

OUT！

太好了！

哼！

進行中……

OUT！

嘻嘻～

哼！

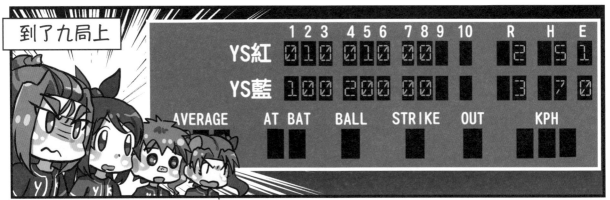

到了九局上

	1	2	3	4	5	6	7	8	9	10	R	H	E
YS紅	0	1	0	0	1	0	0	0			2	5	1
YS藍	1	0	0	2	0	0	0	0			3	7	0

AVERAGE　　AT BAT　　BALL　　STRIKE　　OUT　　KPH

嗚……好緊張啊！

桃子，怎麼了？

	阿賢	阿鋒
今日成績	3打數 2安打	4打數 2安打
打擊率	$\dfrac{202}{503}=0.4016$	$\dfrac{162}{404}=0.4010$

別擔心，雖然第九局了，但紅隊只落後一分，還有機會呀！

我不是擔心這個啦！

這是目前為止阿賢和阿鋒的打擊成績。

阿賢領先吔！好棒！

阿賢
目前打擊率
0.4016

阿鋒
目前打擊率
0.4010

下次打擊出局

敗

下次打擊出局

$\dfrac{202}{504}=0.4008$

$\dfrac{203}{504}=0.4028$

阿賢現在雖然領先，但是等等打擊時，如果沒有打出安打，立刻就落後了。

數學突然變得這麼好……

阿賢打擊率再高，也才 4 成左右而已。換句話說，有 6 成的可能性會出局啊！

嗚嗚嗚～小南快想想辦法！！

我、我想想……

對了！

除了安打與出局之外，還有不計打數的可能性啊！例如四壞球、失誤上壘、犧牲打等等。

對吼！

四壞球！

哇！太棒了！阿賢終於獲得打擊王了！

話別說得太早，比賽還沒結束呢！

誰說的，只要這局紅隊沒得分，比賽就結束了，阿鋒也沒有打擊機會了！

但如果紅隊得分了，九局下半阿鋒就是第一個上來打的！

紅隊才不會得分咧！

那個……你們……

哇哈哈哈！紅隊追平啦！！

深遠的安打！

不……不會吧……

咦？是換我們歡呼嗎？

你們到底是哪一隊的球迷啊……

打擊王之爭尚未落幕……

用比率來比較

想表示兩件事物的關係，經常會使用到
比率。比率可以讓本來不容易比較的事物，變得容易進行比較。

例如：今天學校舉辦活動，甲班有 25 人，出席 23 人；乙班有 20 人，
出席 19 人，哪一班出席的狀況比較踴躍呢？

由出席人數來看，甲班比乙班多 4 人，但甲班總人數比乙班多 5 人，
如果單以出席人數來比較，似乎不是很公平。這時，可以計算**出席率**，
也就是「出席人數 ÷ 班級總人數」來進行比較：

甲班的出席率：23÷25 ＝ 0.91

乙班的出席率：19÷20 ＝ 0.95

由此可見，雖然乙班的出席人數較少，出席率卻比甲班高一些，出席狀
況可說是較為踴躍。

球員在球賽中的表現也是一樣。因為每位球員上場打擊的次數不一
定相同，所以不能直接以安打數來評斷球員的表現，而必須透過打擊率
來評量球員的成績。

打擊率＝安打數 ÷ 打擊總數

不過，即使打擊率一樣，
也不代表實力相同，還要看總
打數才能確定。總打數愈多，
代表打擊表現更穩定，打擊率
更可靠。

這是今天比賽前的狀況。

	阿鋒	阿賢
安打	160	200
打數	400	500
打擊率	0.4	0.4

◀阿賢較阿鋒打擊出更多的安打數，
但因為總打數也較高，平均下來，兩
人的打擊率是一樣的。

漫畫中阿賢和阿鋒的例子，雖然兩人的打擊率一樣，但阿賢的打數高於阿鋒，代表他的打擊率較不易受到下一次打擊狀況的影響。我們可以用較簡單的例子來說明。

例如：甲和乙兩人，甲打擊 2 次，擊出 1 支安打；乙打擊 8 次，打出 4 支安打，打擊率各是多少？如果兩人各再打擊 2 次，且都沒有安打，打擊率變成多少？

原打擊率：甲＝ 1÷2，乙＝ 4÷8，都是 0.5

再打擊 2 次後的打擊率：

　　甲：總打數 4，安打 1，打擊率＝ 1÷4 ＝ 0.25

　　乙：總打數 10，安打 4，打擊率＝ 4÷10 ＝ 0.4

雖然甲乙兩人的打擊率都下降了，但乙的下降幅度不像甲的那麼高，這說明了雖然「每一次打擊都會影響打擊率」，但對於總打數較少的人而言，影響是比較大的。

投票的狀況也一樣，如果總共 100 票，每一票的影響力是百分之一；如果總共 1000 票，每一票的影響力降為千分之一。總票數愈少，每一票的價值愈高，影響力愈大。

升學考試中常聽到的「錄取率」，意思是「錄取人數除以總考試人數」，假設錄取率都是 10%，也就是 0.1，競爭激烈的程度卻會因為報考人數而不同。當報考人數是 10 人，你只要贏過 9 人就可以錄取；當報考人數是 10000 人，你必須贏過的人數高達 9000 人！

想想看，生活中還有哪些運用比率的例子？

小試身手

五年級學生有 180 人，其中 160 人通過了體適能檢測；六年級學生有 160 人，其中 145 人通過了體適能檢測。請問哪一個年級的學生通過率比較高？

擲遠大賽

呼～

呼～

好、好累喔！毛弟，還有幾圈啊？

我們才跑兩圈而已……

還有八圈哩

都是你啦！快上課了才說要上廁所！害我們遲到！

我喝太多水了嘛！

咦？那是……

隔壁班這一節也是體育課哩！

是美美！

這些花朵哪來的？

不好意思～

噠噠噠

可以打排球好好喔！

花帥，可以請你把球丟過來嗎？

喔喔！好機會！

當然沒問題！接好喔！

咻～

那個……我們還沒跑完……

對、對……

……

哈～

我、我快不行了……

最後一圈了！加油～

呼～

噠噠噠

又是美美欸!

不好意思～

花帥,可以請你用·力·的·把球丟過來嗎?

這、這次我一定……

啾～

花帥,你不舒服嗎?

別管我……

我跑不快……球也丟不遠……我是個廢柴……

還是會有人喜歡跑不快、球丟不遠的人啊!

這算哪門子安慰啊……

欸，你們在幹嘛？

是桃子！

不好意思～

噠噠噠

可以請你幫我把球丟過來嗎？

沒問題！

喝呀～

咻～

！！

桃、桃子好厲害呀！

嗯？

你剛剛把球丟得好遠！怎麼丟的？

不是很簡單嗎？隨手一丟而已啊！

可是你丟得比男生還遠欸。

哪有？男生如果丟不遠，就太遜了吧！

欸，花帥你怎麼啦？

你、你……

你這個怪力女！

沒禮貌！怎麼這樣說人家！

因為剛剛花帥把排球丟給隔壁班美美的時候……

不要說！！

喔～我知道了，你丟不遠對不對？

！！

男生怎麼會丟不贏女生呢？

吵死了！我剛剛狀況不好！

不用找藉口了啦！嘻嘻，丟不遠就是丟‧不‧遠。

不然來比賽！

我們從這邊往那邊丟球，看誰丟得遠。

來比啊，誰怕誰！

讓小南來當裁判！

好、好啊！

那我呢？

你幫我們撿球。

咦咦咦！？

花帥、桃子，準備好了嗎？

準備好了！

第一屆擲遠大賽——
第一回合——開始！

喝呀～

嘿——

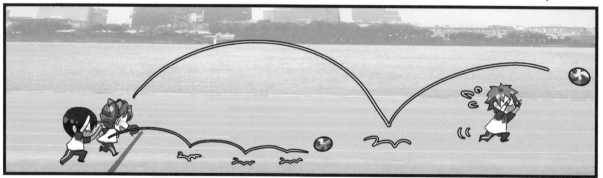

桃子勝利！

嘿嘿！

哼！不算，我們再比一場！

第二回合——開始！

嗶——

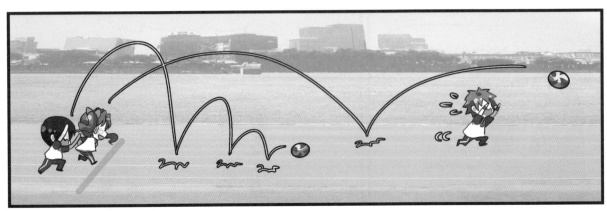

桃子又勝利了！

哼哼哼～

再一場！

桃子勝！

再一場！

桃子勝！

再一場！

嘿嘿嘿～

可惡！

再……再一場！

來……來呀！

別再比了……我跑不動了啦……

第一屆擲遠大賽

桃子　花卯

正　正

我明明很用力丟，為什麼總是丟不遠？

我覺得跟你丟的角度有關！

喔？

我發現你會把球平平的丟出去，結果球很快就落地了。

嗯⋯⋯因為我想讓球有多一點往前飛的力道。

可是如果把球拋得高一點，球可以飛得久一點，也就可以丟得比較遠了。

我試過幾次往上拋，結果也沒有比較遠⋯⋯

桃子都是斜斜往上拋，會不會就是要「有點往上、又不能太往上」？

有點往上、又不太能往上⋯⋯

我們還是請小南來解答好了啦！

球要丟得遠，有兩個因素要考量：飛行時間和水平速度。

假設球出手的速度為 V，可分解成垂直速度 Y 和水平速度 X。

球出手的速度 V

垂直速度 Y 愈大飛得愈久

水平速度 X 愈大平飛得愈快

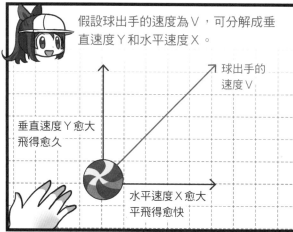

首先，球在空中飛行的時間要夠長，不能太早落地。

要怎麼讓球飛久一點呢？

球會落地，是因為重力會讓球墜落影響球在垂直方向的速度。

本來球是往上飛，但重力會使得球往上的速度愈來愈慢，直到變成零，然後球就開始往下飛了。

垂直速度＝0

因為重力是固定的，所以球的垂直速度會規律的變化。

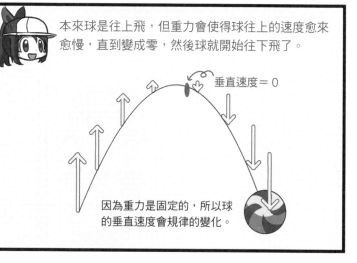

假設從地面將球拋起，球一開始往上和最後落地前的瞬間，垂直速度會是一樣的，只是方向相反。

垂直速度＝0

垂直速度＝Y

假設重力讓垂直速度每秒改變 g，
當球往上時，垂直速度由 Y 變 0 所花的時間為 Y÷g
當球往下時，垂直速度由 0 變 Y 所花的時間也是 Y÷g
所以球的飛行時間總共是：

$$t = 2 \times (Y \div g) = \frac{2Y}{g}$$

這就是球飛行的時間嘍！

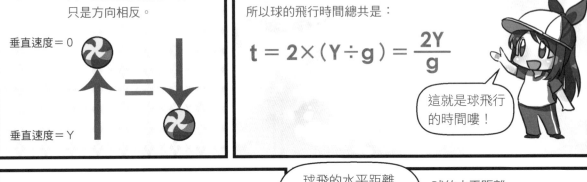

另一方面，球要飛得遠必須靠水平速度 X。

衝呀！

球飛的水平距離會等於水平速度乘上飛行時間。

球的水平距離＝
水平速度 × 飛行時間

$$\frac{2Y}{g} \times X = \frac{2XY}{g}$$

我有問題！

可是 X 和 Y 有關呀！

X 和 Y 分別是球速 V 的垂直和水平速度。

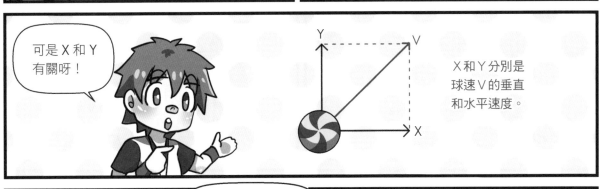

如果讓飛行時間變長，水平速度就會變小。

Y 變大，飛行時間變長

X 變小，水平速度變慢

如果讓水平速度快一點，飛行時間又會變短。

Y 變小，飛行時間變短

X 變大，水平速度變快

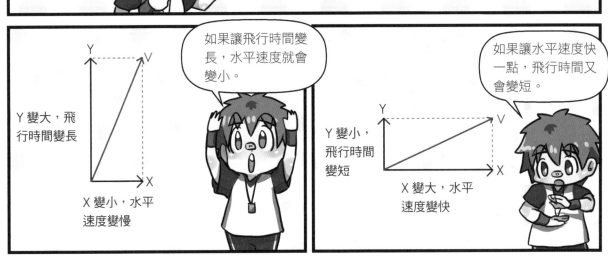

球的水平飛行距離＝$\dfrac{2XY}{g}$

沒錯！所以我們的目標是找出 $\dfrac{2XY}{g}$ 的最大值。

$$\dfrac{2XY}{g}$$

因為 2 和 g 是固定的數字，所以重點是讓 X 乘 Y 達到最大。

我來提供一個厲害的式子！

$(X-Y)^2$
$= X^2 - 2XY + Y^2$

一個數乘以自己會大於等於 0 喔！

所以： $(X-Y)^2 \geq 0$

展開後得到 ➡ $X^2 - 2XY + Y^2 \geq 0$

把式子左右加上 2XY ➡ $X^2 + Y^2 \geq 2XY$

再除以 2 ➡ $\dfrac{X^2+Y^2}{2} \geq XY$

仔細看看這個式子可以發現……

我我我我發現了！

X 乘 Y 的最大值就是 $\dfrac{X^2+Y^2}{2}$

$$XY \leq \dfrac{X^2+Y^2}{2}$$

答對了！

接下來我們做一些運算：

$$XY = \dfrac{X^2+Y^2}{2}$$

➡ $2XY = X^2 + Y^2$

➡ $X^2 + Y^2 - 2XY = 0$

➡ $(X-Y)^2 = 0$

➡ $X = Y$

所以當 X = Y 時，X 乘 Y 會是最大。

再仔細觀察可以發現，V、X、Y 正好形成直角三角形的三個邊。

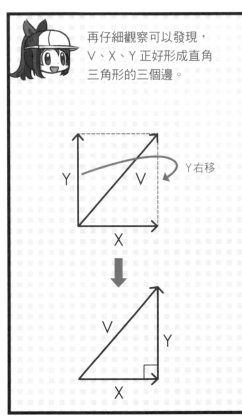

當直角三角形的兩個直角邊相等時，直角以外的兩個夾角會是 45 度。

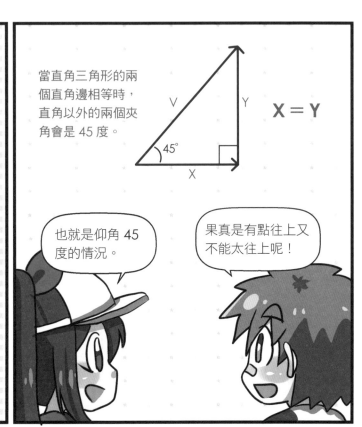

$$X = Y$$

也就是仰角 45 度的情況。

果真是有點往上又不能太往上呢！

不過因為丟球的時候，球出手的地方比地面高，但是落點卻是地面，因此其實丟得最遠的角度，應該比 45 度小一點。

既然已經知道訣竅了，桃子，我們再比一場吧！

來啊！誰怕誰！

我不會再輸你了！

等著瞧吧！

第一屆擲遠大賽——
第十回合——開始！

嗶

好，這次我
一定……

嗨！

咦？

花帥，你怎麼了？

用力過猛……
閃到腰了……

就說你是遜咖吧！
哈哈哈！

可惡，你這
個怪力女！

我去幫你拿
冰塊吧……

啊啊啊～滾
太遠啦！

運動前要記得先熱身喔！

91

擲遠角度學問多

同學們應該都有擲球的經驗，總以為只要用力擲，球就可以飛得又高又遠。事實上，影響球能飛多遠的原因很多，例如臂力、擲球的方向與角度、投擲者的身高及姿勢等等。

首先，一顆被投擲出去的球包含兩種速度：一種是往上的速度，一種是往前的速度。往上的速度愈大，球飛得愈久；往前的速度愈大，球飛得愈快。如果希望球飛得愈遠愈好，要兼顧往前和往上的速度，比較好的方式，是找一個可兼顧往上和往前的角度，一般來說這個角度會是 90 度的一半，也就是 45 度。

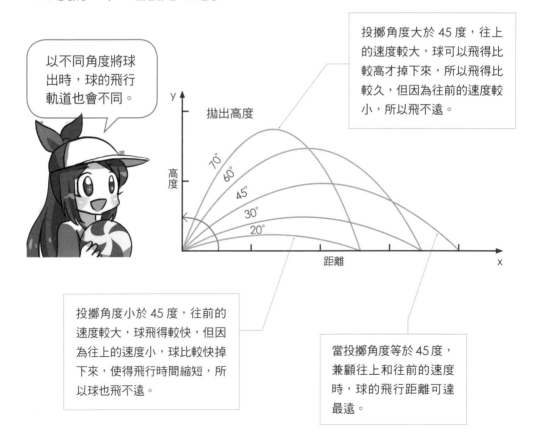

以不同角度將球出時，球的飛行軌道也會不同。

投擲角度大於 45 度，往上的速度較大，球可以飛得比較高才掉下來，所以飛得比較久，但因為往前的速度較小，所以飛不遠。

投擲角度小於 45 度，往前的速度較大，球飛得較快，但因為往上的速度小，球比較快掉下來，使得飛行時間縮短，所以球也飛不遠。

當投擲角度等於 45 度，兼顧往上和往前的速度時，球的飛行距離可達最遠。

真實狀況又是如何？

不過，當我們擲球時，並不是由地表往上，因為每個人都有身高，所以球出手的位置會比地面高，這在體育上有個專有名詞，叫做「高拋低落」，也因此想要拋得遠一點，擲球的角度應該比 45 度角小。曾有研究指出，理想的鉛球投擲角度約為 37 至 42 度，擲鐵餅約 35 至 37 度，擲標槍約 30 至 36 度，都比 45 度角小。

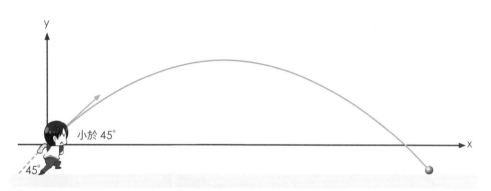

▲不同身高的人丟出球的位置也不同，想要讓球達到最佳飛行軌道，出手的角度也不一樣。

由此可見，人體的運作無法完全根據角度的推理。不同運動的最佳角度也各有不同，其中最重要的因素是，從不同角度擲出物體，我們能使出的力量其實不一樣，換句話說，就是初始速度不同，這會是影響水平速度和垂直速度的一大關鍵！

看來，花帥想要把球丟得遠，除了必須講究數學角度，還得具備正確的姿勢。好好使力，才能把球擲得既高又遠！

> **小試身手**
>
> 找一顆排球或籃球，和同學一起到運動場上，試著以不同的角度投球，體會看看什麼樣的投擲角度，能讓球飛得最遠？

自然界的黃金比例

唉……

花帥，你怎麼在嘆氣？

是不是被女生甩了呀？呵呵呵！

少胡說！

而且很危險……你做炸藥幹嘛？

因為……

小南，你知道怎麼做炸藥嗎？

炸藥！？

做炸藥犯法吧？

進入回憶畫面

是美美！

昨天我生日，你猜猜看我收到什麼禮物？

不知道地，是什麼呢？

是一個……
爆·炸·盒！

哇～好好喔！

爆炸盒？

嘻嘻，羨慕吧？

好羨慕喔！我也好想要一個爆炸盒。

爆炸盒會爆炸嗎？

如果有人願意送我一個爆炸盒，我一定感動得不得了。

回憶畫面結束

美美的生日快到了……

為了讓美美開心，我決定送一個爆炸盒給他。

但是會爆炸的盒子……感覺很危險啊……

是因為這樣，你才要炸藥嗎？

吼！你真的很蠢地！

爆炸盒不會真的爆炸，是最近很流行的手工卡片盒啦！

少女流行文化問我就對了

手工卡片盒？

95

花帥叔叔家

為什麼連毛弟也來了呢？

欸，幹嘛這樣說，我想一起來幫忙嘛！

而且我好歹是這本書的主角！

是說啊……

這是要送給美美的禮物欸！你這麼笨手笨腳的……

誰說我笨手笨腳，剛剛把愛心剪歪的人可不是我喔！

誰可以剪一個小小的長方形給我？

我！

你幹嘛連這個都要跟我搶啦！

誰叫你說我笨手笨腳，我要證明給你看！

我剪好了！

你這個太細長了啦。

我也剪好了！

你這個太像正方形了。

你只說要長方形，這幾個都是長方形啊！

但感覺就不是好看的長方形嘛！

憑「感覺」說不好看，
也太沒說服力了吧！

好不好看本來就是主
觀，這兩個長方形就是
不太好看嘛！

那這張如何？

順眼多了，謝
謝小南！

桃子只是因為和小南
是好朋友，所以才覺
得順眼吧！

才不是咧！這是基
本的美感好嗎？

主觀感受一點科學
根據都沒有啦！

其實有喔！

咦？

黃金比例

1

1.618

長方形的長寬比有所謂的
「黃金比例」，據說是看
起來最和諧的比例。

它有一個特色，如果把短邊
當做正方形的邊長，然後把
這個正方形剪掉……

1

1

1.618

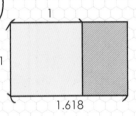

1

1.618

剩下的長方形還
是一樣擁有黃金
比例唷！

如果再把這個小長方形的短邊當正方
形的邊長，剪掉正方形，會再得到一
個更小的黃金比例長方形。

更小的黃金比例
長方形

不斷重複相同的步驟，還會
得到另一個有趣的結果！

長方形會愈切愈小，把其中每個正方形的對角以
弧線相連，不斷畫下去，可以畫出漂亮的「黃金
螺旋」。

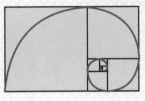

黃金螺旋很接近「等角螺線」。

等角螺線？什麼意思？

等角螺線由中心原點往外畫出的每條直線，和螺線相交的角度都會相等。

好漂亮的螺線呀！可以拿來當爆炸盒的裝飾。

這個螺線感覺好眼熟……

我知道啦！

和鸚鵡螺的螺線超像的！

答對了！

鸚鵡螺也懂數學？

這就是大自然的奇妙之處！松果或鳳梨上，也看得到等角螺線喔！

?

還有一種特殊的數列也和黃金螺線有關，叫做「費波那契數列」。

數列？

好像愈來愈複雜……

數列是數字組成的序列，有相應的規則，可用來預測數列的每一項。

等差數列，規則是前後兩項的差是固定值。
1,4,7,10……

等比數列，規則是前後兩項的比是固定值。
2,4,8,16……

費波那契數列又是如何呢？

99

費波那契數列因為義大利數學家費波那契而聞名。他以兔子的繁殖為例，介紹了這個數列的特性：

假設有一對新生的兔子，出生兩個月後開始繁殖，之後每個月可生下一對小兔子，而新生的小兔子也依相同的規律長大繁殖。那麼一年後會有幾對兔子？

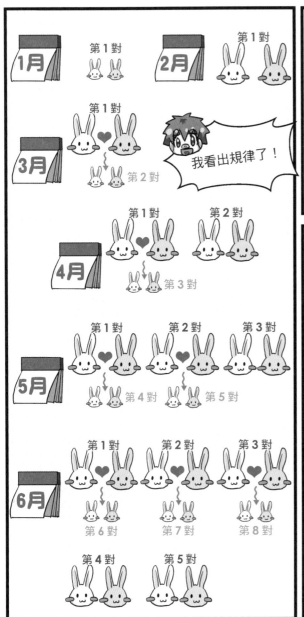

所以費波那契數列是：
1, 1, 2, 3, 5, 8, 13, 21……
後一項是前兩項的和。

1	1	2	3	5	8	13
$\frac{1}{1}=1$	$\frac{2}{1}=2$	$\frac{3}{2}=1.5$	$\frac{5}{3}=1.67$	$\frac{8}{5}=1.6$	$\frac{13}{8}=1.63$	

21	34	55	89……
$\frac{21}{13}=1.615$	$\frac{34}{21}=1.619$	$\frac{55}{34}=1.618$	$\frac{89}{55}=1.618$

而且，每一項除以前一項的值，會逐漸趨近某個數字。

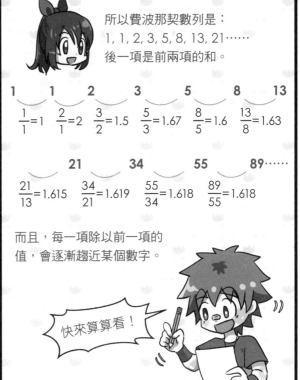

大自然的數學遊戲

　　沒想到大自然中美麗的事物裡，竟也存在著數學！這回介紹的費波那契數列，就是最好的例子。從數列 1、1、2、3、5、8、13、21……到黃金比例 1：1.618，在自然界裡比比皆是，除了兔子的繁殖、類似黃金螺線的鸚鵡螺，還能在哪裡找到呢？

　　自然界中有許多植物的花瓣、花萼和果實符合黃金比例的生長。例如：百合花有 3 片花瓣，梅花有 5 片花瓣，菊苣有 21 片花瓣，雛菊有 34 片花瓣，這些都是費波那契數列裡的數字。某些樹枝的生長也符合這個數列，還有向日葵的花盤中，除了能看到漂亮的黃金螺旋，這些順時鐘或逆時鐘旋轉的螺線，數目竟也符合費波那契數列！另外，經常在夏季出現的颱風，它的雲圖看起來也很類似黃金螺旋。

◀一棵樹的生長是由主幹長出分枝，主幹過一段時間後會形成第二個分枝，而之前長出的分枝也會繼續形成更多分枝。隨著樹木長大，會陸續生成 3 個、5 個、8 個分枝……正是費波那契數列的數字。

▲你看到花盤上的螺線嗎？算算看順時鐘的螺線有幾條，逆時鐘的又有幾條？也試著從颱風雲圖上找出黃金螺旋吧！

尋找黃金比例

除此之外，不少壯麗的建築景觀上也能找到黃金比例，如古希臘有名的帕德嫩神殿，寬度與高度的比例大約是 1.6 倍；法國艾菲爾鐵塔高 300 公尺，在距離地面約 115 公尺的地方有平台，算一算，平台以上的高度和以下的高度相比，也大約等於 1.6，都很接近黃金比例。

◀量量看，你能在左圖的帕德嫩神殿和右圖的艾菲爾鐵塔上找到黃金比例嗎？

人們發現黃金比例之後，處處尋找它的蹤跡，不僅在名畫中發現，也運用在身材上。例如，以肚臍到地面的長度為腿長，當身高為腿長的 1.618 倍，許多人都說是最完美的比例。

不過，我們不一定要那麼在意身材是否符合黃金比例。人身上還能找到其他有趣的比例關係，而且相當完美。例如，你可以試著測量頭圍，把量出來的長度乘以 3，得到的答案會很接近你的身高。你也可以找一隻自己常穿的鞋，量一量它的長度，再乘以 6，看看答案是不是很接近身高。頭長和身高之間同樣存在特定的比例，頭長指的是頭頂到下巴的長度，一般成人的身高大約是頭長的 6 到 7 倍。據說，這個倍數如果超過 7 倍，就是帥哥、美女了！你認為呢？

小試身手

①試著寫出費波那契數列的前 20 項。

②找一找，生活中還有哪些事物運用了黃金比例，和同學分享吧！

利息滾利息，複利的威力！

倒數三天——

小南～我好緊張喔！怎麼辦？

哈哈，有什麼好緊張的啦！

你覺得我穿哪一件衣服比較好呢？

這……不是差不多嗎？

不一樣啦！難得的機會，我一定要成為全場焦點！

但是演唱會那麼多人，很難從臺上看到你吧……

還是有萬分之一的機會剛好被看到啊！

這麼說也是沒錯啦……

小南、桃子，你們在說什麼演唱會呀？

啊，毛弟！

是 YS 樂團的演唱會！

哈哈，桃子期盼好久了！

我們可是砸了大錢買票呢！

砸大錢？多少錢呀？

一張票，六！千！元！

六、六千元！？

幹嘛那麼驚訝？

演唱會的票那麼貴喔？

因為是很好的位置。

是搖滾區！握得到手的那種！

握手無價

可是，你們怎麼有那麼多錢？

我也有一些存款可以用。

為了這場演唱會，我可是把畢生積蓄都拿出來了！

你們都有存款？

當然啊！每年的紅包錢都會存起來。

毛弟，難道你……

一點存款都沒有？

咦！？那個，也不是說沒有啦……就是說呢……

對了，媽媽昨天給了我 100 元零用錢，現在還在我口袋裡！

那不算存款啦！

我只要有閒錢，例如壓歲錢或是獎學金，都會存進銀行裡。

這樣有什麼好處？

除了不用自己保管之外，還可以賺利息喔！

利息？

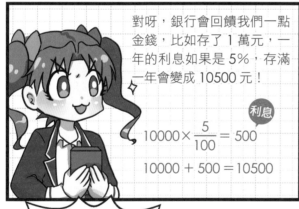

對呀，銀行會回饋我們一點金錢，比如存了 1 萬元，一年的利息如果是 5％，存滿一年會變成 10500 元！

利息

$$10000 \times \frac{5}{100} = 500$$

$$10000 + 500 = 10500$$

一年可以增加 500 元。

10 年就可以增加 5000 元！

而且你想想，假設你每年都有 1 萬元壓歲錢，錢其實可以增加得很快。

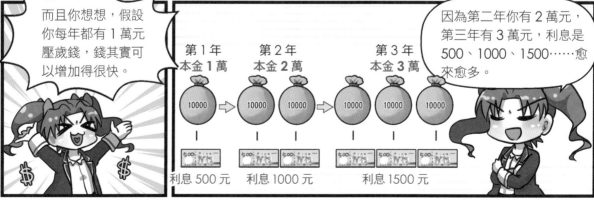

第 1 年
本金 1 萬

第 2 年
本金 2 萬

第 3 年
本金 3 萬

利息 500 元　　利息 1000 元　　利息 1500 元

因為第二年你有 2 萬元，第三年有 3 萬元，利息是 500、1000、1500……愈來愈多。

這樣很快就可以存到 6000 元了！

對啊，而且本金一毛也不少，需要時還是可以拿出來使用。

其實呢，存錢拿到的利息，不只這樣喔！

真的嗎？

因為利息是用複利計算的。

複利？

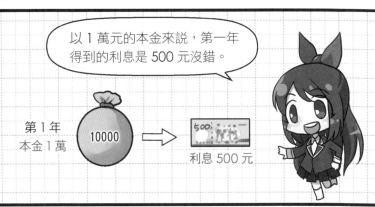

以 1 萬元的本金來説，第一年得到的利息是 500 元沒錯。

第 1 年
本金 1 萬　10000

利息 500 元

但如果不動用這些存款，銀行會做什麼事呢？

謝謝你存了 1 萬元在這裡，這是你今年的利息 500 元。

我現在不需要使用。

這樣啊，那這 500 元就加進你的帳戶裡吧！

這樣一來，第二年會……

謝謝你存了 10500 元，這是你今年的利息 525 元。

比去年多了 25 元！

因為你去年的利息變成今年的本金了，所以今年的利息跟著增加！

這樣啊，那這 525 元也加進帳戶吧！

但我現在還是不需要使用。

好棒喔！

到了第三年，會變成這樣：

謝謝你存了 11025 元在這裡，這是今年的利息 551 元。

增加到 551 元了。

如果你不使用，我們就繼續加在本金裡喔！

請吧請吧！

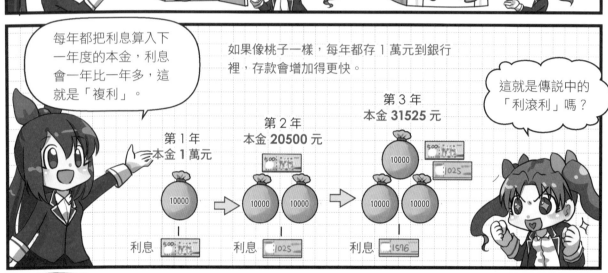

每年都把利息算入下一年度的本金，利息會一年比一年多，這就是「複利」。

如果像桃子一樣，每年都存 1 萬元到銀行裡，存款會增加得更快。

這就是傳說中的「利滾利」嗎？

第 1 年
本金 1 萬元

第 2 年
本金 20500 元

第 3 年
本金 31525 元

10000

10000　10000

10000　10000

利息 500

利息 1025

利息 1576

好好喔！難怪你們都這麼有錢。

所以儲蓄是好習慣啊！

存錢時，也可比較一下各家銀行的利率。

不是統一的嗎？

每家有點不一樣喔！

仔細比較還會發現，用「定期存款」的方式，利率比活期儲蓄存款來得高。

有什麼差別呢？

活期儲蓄存款的方式，可以隨時提款，但利率比較低。

活期儲蓄存款

我要用錢！

優點：
隨時可提款

好的！馬上來。

缺點：
利率較低

定期存款則是和銀行約定好，這筆錢在一段期間內不提領出來，這樣可以獲得比較高的利率。

你確定嗎？這樣利息會變少喔！

我要用錢……

定期存款

優點：
利息較高

缺點：
不可隨意提款

所以如果你有一筆錢，確定短期內不會使用，存成定期存款賺更多！

但如果存錢後想提出來用，利息會打折，變得比活期儲蓄存款的利息還要低唷！

啊啊啊！好想去看YS樂團的演唱會呀！

姊，你也沒錢買票嗎？

我哪來的錢？演唱會的票很貴啦！

小南和桃子他們都有存款。

存款？這麼說來，其實每年的壓歲錢……

今年的壓歲錢也給我吧！我幫你們存起來！

好～

對吼！！

110

本篇利率僅為假設，真實利率請參考各金融機構。

哪一種利息高？

> 不同的計息方式，能賺得的利息也不一樣。

儲蓄是一種好習慣，平時存下一些錢，急用時就可以派上用場。從這篇的漫畫中，我們學到錢可以生出「錢子」，也就是把錢存入郵局或銀行中所得到的利息。

存款會產生多少利息，和你選擇哪一種利息計算方式有關。一般銀行計算利息的方式有兩種，一種是單利，只以本金計算利息；一種是複利，也就是不把利息取出，而與本金相加，作為下一期本金，再生利息。

例如：存進 10000 元，年利率固定為 5%，存了五年，利息會是多少呢？

單利：利息＝ 10000×5%×5 ＝ 2500 元

複利：第一年利息＝ 10000×5%＝ 500 元

第二年利息＝（10000＋500）×5%＝ 525 元

第三年利息＝（10000＋500＋525）×5%＝ 551.25 元

第四年利息＝（10000＋500＋525＋551.25）×5%＝ 578.81 元

第五年利息＝（10000＋500＋525＋551.25＋578.81）×5%
　　　　　　＝ 607.75 元

五年利息總和＝ 500＋525＋551.25＋578.81＋607.75 ＝ 2762.81 元

顯然複利得到的利息比單利多了一些。

另外，存款時還可選擇固定利率或機動利率。固定利率是固定以存款時的利率來計息；機動利率則是每次存款到期時，再依當時的利率重新設定計息標準，利率是變動的，可能變高，也可能降低。總之，就看個人選擇了。

小試身手

算一算，如果把 50000 元存進銀行，年利率為 4%，分別依單利和複利計息，三年後存款各會是多少錢呢？

111

好冷喔！現在到底幾度？

好冷喔……

好冷好冷喔……

毛弟，你包成這樣也太誇張了吧！

你管我。

棉被是我的生命！

別吵了，來玩牌吧！

來一盤心臟病如何？

心臟病我最在行了！

1！

2！

3！

4……

呀哈！

啊？！

咱！

來……
來不及了……

哈哈你最輸，
把牌拿去吧！

可、可惡……

6！

7！

8……

啊！

呀哈！

喏。

嗚～

呀哈！

啊！

呀哈！

啊？！

毛弟，你要不要
把棉被拿掉？

不要。

對啊，不然你永
遠是最慢的。

就說棉被是
我的生命。

嘻嘻嘻，看來
勝負已定嘍！

沒看過這麼怕冷的人欸，好遜喔！

今天才 14 度欸！

那下星期你怎麼辦？

下星期？

氣象預報說下星期會有霸王級寒流⋯⋯

預計會降到 7 度。

嗚啊啊啊～～我會凍死啊！

有那麼誇張嗎⋯⋯

14 度就這麼冷了，7 度只有 14 度的一半而已！

救命哪！

14度　　VS　　7度

7 度是 14 度的一半？

不是這樣的喔！

當然不是這樣嘍！

因為下週的霸王級寒流還會下雨，所以體感溫度只有 4 到 5 度！

原來如此！所以只有 14 度的三分之一而已啊！

嗚啊啊啊～～我要逃到赤道去生活了啦！

等等……7度不是14度的一半啦！

咦？不是嗎？

可是7塊錢是14塊錢的一半。

7顆桃子也是14顆桃子的一半。

溫度的定義方式和一般的單位不同。0度並不是真的沒東西，100度也不是真的有100個東西。

以最常見的攝氏溫度來說，是把水的冰點定義為0度，沸點定義為100度。

再把這個區間均分成100個刻度，就是我們常用的攝氏溫度了。

100

小南，你話中有玄機。

有嗎？

怎麼了？

你剛剛說「以最常見的攝氏溫度來說……」，難道還有其他溫度單位嗎？

當然有啦！

對吼！

桃子真的是明察秋毫。

我知道！我去年和家人去美國，美國人用的是「華氏溫度」。

答對了！華氏溫度雖然比較少見，但在氣象網站上還是看得到。

今日天氣

20℃
攝氏

68℉
華氏

115

在華氏溫度的定義中，水的冰點是 32 度，沸點是 212 度。

和攝氏差好多呀！

為什麼會使用這麼奇怪的數字呀？

這和當時發明華氏溫度的歷史有關喔！

華氏溫度是 18 世紀初期德國物理學家華倫海特發明的。

叫我嗎？

華倫海特把特製鹽水的冰點當做 0 度，人的體溫當做 96 度，再平均區分成華氏溫度。

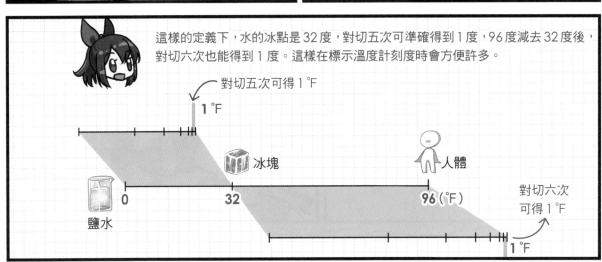

這樣的定義下，水的冰點是 32 度，對切五次可準確得到 1 度，96 度減去 32 度後，對切六次也能得到 1 度。這樣在標示溫度計刻度時會方便許多。

對切五次可得 1°F

1°F

冰塊

人體

鹽水

0　　　　　32　　　　　96（°F）

對切六次可得 1°F

1°F

因為攝氏和華氏是各自發明的，所以溫度的起點不同，每度的大小也不同。

所以說，攝氏的 0 度根本不是真的零度！因為換成華氏就變 32 度了！

50 度……好像很熱？

我們在臺灣使用攝氏溫度，剛到美國看到華氏溫度時，還真有點不習慣。

攝氏和華氏之間可以相互換算。

攝氏溫度把水的冰點與沸點之間分成 100 個刻度，華氏則分成 180 個刻度。

攝氏分成 **100** 度

0　　　　　　　100℃

水的冰點

水的沸點

華氏分成
212 − 32 = 180 度

32　　　　　　　212 ℉

所以攝氏 1 度就是華氏的 1.8 度！

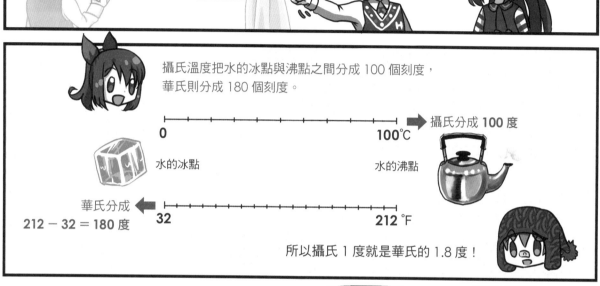

華氏溫度（℉）＝
攝氏溫度（℃）× **1.8 ＋ 32**

答對了！再加上水的冰點華氏 32 度，可以得到這個換算公式！

我們試著把現在的 14 度換算成華氏吧！

如果只是想知道當天的氣溫，其實不必算到那麼精確。

14 x 1.8……
嗯……

心算有點困難耶

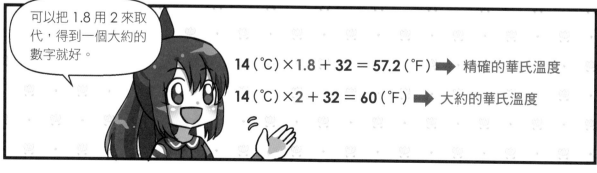

可以把 1.8 用 2 來取代，得到一個大約的數字就好。

14（℃）× 1.8 ＋ 32 = 57.2（℉）　➡　精確的華氏溫度

14（℃）× 2 ＋ 32 = 60（℉）　➡　大約的華氏溫度

另外，有幾個滿有用的「捷徑」：

$$16°C ≒ 61°F$$

$$28°C ≒ 82°F$$

剛好是十位數和個位數倒過來，好巧唷！

攝氏 16 度和 28 度都是很常見的溫度，所以這一組換算值很適合記下來做為參考。例如：

加件外套再出門吧！ ➡ 因為 16°C ≒ 61°F，所以 55°F 大約比 16°C 冷個 3～4°C。

應該不用穿外套了！ ➡ 因為 28°C ≒ 82°F，所以 85°F 大約比 28°C 熱個 1～2°C。

攝氏 0 度不是真的 0 度，那華氏 0 度是真的 0 度嗎？

但在美國北方，曾經出現過低於華氏 0 度的溫度……

哇！一定很冷……

華氏 0 度也不是真的 0 度。

那有真的 0 度嗎？

總不可能無止盡的降溫吧？

還有一種溫度叫做「凱氏溫度」，又稱為「絕對溫度」。它的 0 度就是真正的 0 度喔！叫做「絕對零度」。

$$絕對零度 = 0K ➡ 凱氏溫度單位$$

絕對零度！聽起來好帥啊！

聽起來好冷！

我倒覺得看起來很像「OK」呢！

凱氏溫度的 1 度大小和攝氏溫度一樣，也就是說，攝氏溫度上升 1 度，凱氏溫度也上升 1 度。

$$1°C ⇧ = 1K ⇧$$

只不過絕對零度比攝氏零度低非常多……絕對零度是攝氏 -273.15 度。

那麼冷！？

地球上真的有這麼冷的地方嗎？

幸好沒有！絕對零度是科學家用理論推算出來的溫度最低下限，並沒有哪個地方真的這麼冷。

愈聽愈糊塗，溫度到底是什麼意思啊？

衝啊！

好熱啊！

衝啊！

溫度代表的其實是分子移動的速度，溫度愈高代表分子跑得愈快。

相反的，溫度愈低則分子跑得愈慢。

不想動……

好冷喔！

不想動……

這麼說來，絕對零度就是……

所有的分子統統靜止不動，就是絕對零度了。

正常情況下，是不可能發生的。

小南好厲害呀，連這個都知道！

沒辦法……誰叫我是負責解說的……

隔週

呼呼——　　呼呼——

吼——好想上廁所。

去上啊。

霸王級寒流來襲，北部溫度下探7度……

不要，冷死了。

你可以窩去牆角，那裡有90度。

那你怎麼不躺在地上，有180度欸！

哈哈那我自轉一圈就有360度了呢！

……

講完之後更冷了……

120

華氏與攝氏

　　華氏溫度是出生於波蘭的德國科學家華倫海特（Daniel Gabriel Fahrenheit）在 28 歲時訂定的。當時是 18 世紀初，華倫海特把水和鹽混合物所達到的最低溫度設為「0 度」，人的平均體溫訂為「96 度」，在這樣的系統下，水的沸點是 212 度，冰點是 32 度。這個溫度系統在 1724 年受到大英帝國及多數英語系國家採用，直到五、六十年前才大幅被攝氏溫度系統取代。

▲瑞典郵票上的攝爾修斯。

　　攝氏溫度系統則是在 1742 年，由瑞典天文學家攝爾修斯（Anders Celsius）提出。他將水的冰點和沸點溫度間均分成 100 個刻度，有趣的是，因為瑞典位於北歐，比冰點更冷的日子很多，為了避免溫度常出現負值，所以一開始 0 度是沸點，100 度是冰點，直到兩年後才反過來。

　　1790 年左右，攝氏溫標納入公制的度量系統，漸漸為更多國家採用。到了 20 世紀中期，十進位的公制系統為大多數國家採用，攝氏也成了主流。現在世界上多數國家都採用攝氏溫標，只有美國、賴比瑞亞、開曼群島等國家或地區仍採用華氏溫標，也有地區是兩者並行。

　　支持華氏的人認為，雖然攝氏很精準的利用水的沸點跟冰點設定 0 到 100 度，但華氏每一刻度的溫度差更小，所以更精準。例如人類居住地區的溫度大約是華氏 14 到 120 度，區間超過 100 度；若轉換為攝氏則大約是－10 到 50 度，區間只有 60 度，顯然採用華氏溫標可更精準的描述氣溫變化。

小試身手

除了攝氏 16 度大約等於華氏 61 度、攝氏 28 度大約等於華氏 82 度之外，你能找出另一組類似的攝氏和華氏溫度嗎？

瘋狂粉絲見面握手會

小——南——

桃子，什麼事？

你——看——

YS 樂團見面握手會入場券？

沒錯！
我抽中了！

好厲害！怎麼抽中的？

每買 10 條 YS 巧克力可以得到一張抽獎券，所以我……

滿坑滿谷的巧克力

總共只抽 50 張入場券，我竟然中了！

真是皇天不負苦心人啊！

哈哈！所以我從昨天開始擦乳液，要好好保養我的手！

你們女生很無聊欸！什麼握會啊？

這樣好了，你請我吃一條巧克力，我就讓你握我的手。

誰要握你的手啊！YS 樂團是大明星，你又不是。

你哪位啊！

122

我的手跟他們的手，沒什麼不一樣啊！

差很多好不好，從觸感、溫度到大小都不同啦！

重點是心理上差太多了啦！

一張票可以兩個人用，小南想一起去嗎？

好啊！

這麼浪費時間的活動，小南也要去？

關你什麼事，又沒有找你！

我才沒興趣咧！

是 YS 樂團！！

太帥了！

等等就可以握手了，我好緊張呀！

我真擔心你會把人家的手折斷……

桃子你放輕鬆一點。

小南！

怎、怎麼了？

你感受一下我的手……

嗯？

???

嗯

你覺得我等一下用左手握比較好，還是右手呢？

有、有差嗎？

用左手好了。

可是我右手皮膚好像比較好。

那就用右手……

可是我左手指甲比較漂亮……

我們請下一位歌迷進場！

心跳瞬間飆升每分鐘180下

嗚啊啊啊啊換我啦！！！

謝謝你來！

不、不用客氣！

桃子……你還好嗎？

我怎麼會這麼蠢……
說什麼不用客氣……

我就是個笨蛋啦！
真不該被生出來啊～

我在家裡準備了 500 字的話想跟他說啊！我背了三天吔！

在臺上的時間說不了 500 字啦！

沒關係啦，至少我們握到手，可以心滿意足的回家了……

還不行！

還不行？可是見面會都結束了吔！

今天的活動到此結束，謝謝各位歌迷的參與，請大家繼續支持 YS 樂團！

你沒看到大家都沒離開嗎？

咦……
他們在做什麼？

因為在這裡的人都握了 YS 樂團團員的手，所以我們會彼此握手，增強「握手的能量」。

還有這種事！

所以還有得忙呢！我們先握個手吧！

好啊……

125

過了半小時

好、好累啊……

沒辦法……全場 100 個人都得握到才行……

手都流汗了……能量會不會流失啊……

不會的！能量會繼續增強！

這樣全場握手次數應該破萬了吧？

有這麼多嗎？

100 個人要握 100 次手，100×100 剛好等於 10000。

但是自己不會跟自己握手，所以每個人其實是跟另外 99 個人握手。

對喔！所以是——

100 人 × 每人握了 99 次手

$= 9900$ 次

但實際握手的次數，比 9900 次更少。

咦？為什麼呢？

先想想看，你的 99 次之中，有一次是和我握手對吧？

對呀！小南可是我第一個握的呢！

而我的 99 次握手中，也有一次是和你握手。

啊！所以……

這兩次握手是同一次，所以只能算一次。

好像很複雜吔

哇！這樣算起來，我們兩個人握手次數加起來，是 99+99-1=197 次嗎？

我們可以這樣想：

除了和前 98 個人握手之外，我還握了 1 次手。

除了和第一個人握手之外，我還握了 98 次手。

我握了 99 次手。

除了和前兩個人握手之外，我還握了 97 次手。

除了和前 99 個人握手之外，我沒有跟其他人握手了。

No.1　No.2　No.3　……　No.99　No.100

100 人握手次數為

99 + 98 + 97 +……+ 1

原來如此！這樣加總時，就不會重複計算了。

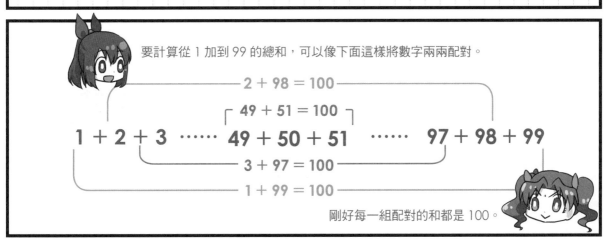

要計算從 1 加到 99 的總和，可以像下面這樣將數字兩兩配對。

2 + 98 = 100

49 + 51 = 100

1 + 2 + 3 …… 49 + 50 + 51 …… 97 + 98 + 99

3 + 97 = 100

1 + 99 = 100

剛好每一組配對的和都是 100。

總共會得到 49 組配對，再加上沒有配對的 50，因此總和是：

$$49 \times 100 + 50 = 4950$$

100 個人互相握手的總握手次數

哇！終於算出來嘍！

其實還有更簡單的算法喔！

咦？

所以，只要這樣算就可以了：

$$100 \times 99 = 9900$$

每次握手都被算了兩次

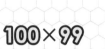

$$9900 \div 2 = 4950$$

實際握手次數

換個想法，如果這 100 個人都主動和其他 99 人握手，不管是否重複，則任兩個人之間會握到兩次手。

好簡單呀！

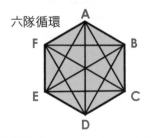

這個規則也常用在運動比賽的循環賽制上，計算比賽共有幾個場次。

四隊循環

比賽場次：$4 \times 3 \div 2 = 6$ 場

五隊循環

比賽場次：$5 \times 4 \div 2 = 10$ 場

六隊循環

比賽場次：$6 \times 5 \div 2 = 15$ 場

話說回來，100 個人相互握手，真是個大工程呀！

是呀，好不容易才握完。

那我們快點回家休息吧！

還不行！

咦？為什麼？

我們得去一個地方，跟我來就對了。

毛弟家

糟糕！來不及了！

姊！你怎麼了？

我得趕緊出門一趟。對了，這巧克力請你吃！

這巧克力……難道……你也要去參加握手會嗎？

拋～

唉！我沒那麼好運，沒抽到入場券啊！

那你要去哪？

兩兩一組共幾組？

在球類比賽中，有一種比賽制度叫「循環賽」，也就是每一隊都要和其他隊伍比賽。如果每一隊都和其他隊伍比賽一場，至少該安排幾場比賽呢？把參加的隊伍減少，很容易找出計算的規則。

假設有五個隊伍參加比賽：

五隊循環比賽場次：
$5×4÷2 = 10$ 場

第一隊要比賽四場（A－B、A－C、A－D、A－E）

第二隊已和第一隊比過，所以再比賽三場（B－C、B－D、B－E）

第三隊和第一、第二隊都比過，所以再比賽兩場（C－D、C－E）

第四隊和前三隊都比過了，所以只要再比賽一場（D－E）

計算下來，總共比賽的場次是 $4 + 3 + 2 + 1 = 10$ 場。

另一種想法是先不考慮比賽是否重複，所以每一隊都比賽四場，五隊共 $5×4 = 20$ 場，但其中一半是重複的，例如（A－B）和（B－A）是同一場，所以總場次應該是 $20÷2 = 10$ 場才對。

同樣的道理，如果今天有一個新班級，同學要彼此自我介紹。假如班上有 25 位同學，規定每個人都必須兩兩一組的向其他 24 位同學介紹自己，教室裡自我介紹的總次數，應該會是 $25×24÷2 = 300$ 次。

火車站之間的車票設計也可以用這種方式計算出來，但情形不太相同。「甲和乙比賽」跟「乙和甲比賽」可以算成同一次；但是「臺北到臺中」和「臺中到臺北」的車票卻不是同一張，所以計算車票種類時記得不能除以 2。

小試身手

① 某一線火車有八個車站，共要印製幾種車票呢？

② 有七個城市，每兩個城市間需要一條公路連接，至少需要建造幾條公路？

③ 有 10 位同學，每個人都要和其他同學拍攝一張雙人合照，一共需要拍幾張照片？

浮浮沉沉游泳樂

好……熱……啊……

為什麼冷氣老是在最熱的時候壞掉呢……

姊，冰箱裡還有冰棒嗎……

不知道……

你最近有點奇怪喔！

有嗎？

上次冷氣壞掉時，你為了一根冰棒跟我吵得不可開交……

最近卻像變了一個人一樣。

我要去拿冰棒，要幫你拿嗎？

不用了。

難道……姊，你在減肥？

咦！？

好啦！其實……去年夏天狂吃冰棒的結果，我一個月就胖了三公斤……

不會吧！

只不過偶爾吃一支冰棒……有差這麼多嗎？

真的有喔！不信你看看你，臉也變圓了啊！

唉唷，不要捏啦……

你摸摸你的肚子，是不是也圓了不少？

唔……嗯……

所以，今年我決定走健康路線！

健康路線？

我不吃冰棒了，我要去游——泳——

我、我也要去！

你又要當跟屁蟲了，小胖子去吃你的冰棒啦！

我也要去啦！

咦？那不是小南和桃子嗎？

你們也來游泳呀？

是我來游泳，我弟硬要當跟屁蟲。

我才不是跟屁蟲！

你不是跟屁蟲？那你是小胖子！

少囉嗦！

小南、桃子，你們看看我弟，臉是不是變得很圓呀？

這樣說來好像是有一點……

桃子，你說對不對！

啊！嗯……還、還好啦！

桃子，你怎麼了？和之前不太一樣？

桃子現在很緊張，他其實不會游泳……

別、別說了！

桃子不會游泳！？

幹嘛這麼驚訝？

沒想到桃子也有不會的運動……

我今天就是來學游泳的！

那就快下水吧！

誰……誰怕誰！

桃子你先閉氣，然後慢慢下去……

桃子別緊張。你看我弟，他那麼胖都浮得起來，你沒問題的啦！

咦？

我剛剛好像聽到「那麼胖都浮得起來」。

哈哈，你聽到啦？

我又沒胖多少！當然浮得起來！

其實……浮不浮得起來，跟胖瘦無關啦……

我勸你還是多游幾趟吧！否則以後變更胖，可就真的浮不起來嘍！

可是，能浮在水面上的東西都很輕呀！像浮板、落葉……

而重的東西會沉下去！像石頭、鐵塊……

決定沉浮的關鍵不是重量，而是「**密度**」喔！

密度？

密度和重量不一樣嗎？

密度指的是質量除以體積。在地球上質量和重量是一樣的，所以把你的體重除以體積，就是你的密度嘍！

質量／體積＝密度

我知道了！密度低的東西會浮起來，高的會沉下去？

這和物體在哪種液體裡有關喔！

可是多少算低？多少算高呢？

例如游泳池裡是水，水的密度是 1g/cm3，那麼密度比 1 低的會浮起，比 1 高的會下沉。

為什麼密度低的就會浮起來呢？

難道它們知道自己密度比較小嗎？

這是因為物體在液體裡時，會受到液體提供的浮力。如果浮力能把東西受到的重力完全抵消掉，物體就可以浮起來。

物體承受的浮力大小是這樣的：

浮力＝物體排開的 液體重量

啊！原來如此！

如果物體的體積不夠大，又很重的話，排開的液體太少，就會下沉。

沒錯，體積小而重的物體，密度也比較高。

舉例來說，如果有兩個物體一樣重，但一個體積大，一個體積小，
一起丟入液體中，可能發生這樣的情形：

相同重量：

體積大 密度低

以我的體積，排開的液體一下就達
到我的重量了，浮著好輕鬆呀！

體積小 密度高

以我的體積，根本排
不開多少液體啊……
一下就下沉了。

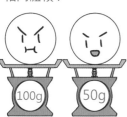也可以換一個角度想，如果有兩個物體一樣大，但一個重量重，
一個重量輕，一起丟入液體中，可能發生這樣的情形：

相同體積：

重量輕 密度低

以我的重量，不用排開
太多液體就浮起來了。

重量重 密度高

以我的重量，就算把全身
都放進液體中，排開的液
體重量還是比我輕……所
以我下沉了。

原來如此……
我誤會你了。

誤會？

因為你變胖之後，體重雖然增
加了，但體積也增加了。所以
就算胖，還是浮得起來。

不要一直說
那個字啦！

嗚……可是我總覺得
自己會沉下去呀！

別擔心，根據浮力的原理，
可以找到浮起來的訣竅。

人體的密度比水大一點
點，不過我們可以利用
吸氣讓肺部膨脹。

啊！這樣一來，
體積就增加了？

原來如此！

答對了！只要靠著肺部膨脹增加的體積，就能讓人浮起。

浮板或游泳圈能讓人浮起，也是一樣的道理。

當人套著泳圈時，泳圈增加了整體的體積，可以讓「人＋泳圈」的密度降到比水還小，所以能浮起來。

我之前去海邊時，覺得在海裡好像很容易浮起來。

這是因為海水的密度比水大，所以排開的海水重量，比較容易抵消人體重量。

所以在密度愈大的液體裡游泳，愈容易浮起來？

沒錯！例如以色列的死海因為鹽度很高，湖水密度高達 $1.2g/cm^3$，人體很容易浮起。

原來如此！了解原理之後，我就不怕浮不起來了！

不用怕，桃子我們繼續練習吧！

到了下週

臺灣的夏天就是這麼熱，你認命吧！

咦？是小南和桃子。

你們要不要一起去游泳？

怎麼還是這麼熱……

叮咚—

138

139

重點不在大小與輕重

把石頭放進水裡，無論是大石頭或小石子，都會沉到水底；把汽球放進水裡，無論大小汽球，都會浮在水面。這說明了物品是否能浮在水面，與大小無關。我們也常誤以為體重較重的人，容易沉入水裡，而體重較輕的人容易浮在水面；但這並不是事實，真正決定物品是否能浮在水面的因素不是大小，也不是重量，而是**密度**！

若把一個物體放入液體中，物體會受到重力往下的力，這股力等於物體的重量；物體同時會受到來自液體往上的浮力。當重力大於浮力，物體就下沉了。由於密度等於重量除以體積，所以：

物體重量＝物體體積 × 物體密度

浮力大小＝物體排開的液體重量＝排開液體的體積 × 液體密度

當物體完全沒入液體中，排開液體的體積會等於物體體積，所以只要比較物體和液體的密度，就能知道物體是否下沉或浮起。當物體的密度小於液體的密度，物體浮起，若是相反則下沉。

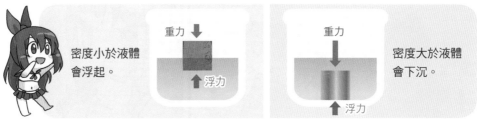

密度小於液體會浮起。

密度大於液體會下沉。

游泳池裡的水密度是 1，人體的密度大約是 1.02，和水差不多，所以要靠吸入大量氣體或用游泳圈輔助來增加體積，使密度變得比水小，就能浮在水面上了。

海水的密度比游泳池裡的淡水大，所以人在海水中比較容易浮起來。在約旦和以色列的交界處，有一個死海，是世界上地勢最低的湖泊。死海的水密度高達 1.3，任何人進入死海，都會浮起來。

食用油的密度大多在 0.9 左右，所以吃火鍋或喝湯時，常常可以看見表面浮著一層油。汽油的密度只有 0.73，比水的密度低很多，因此當路面積水時，經常可以看見來自汽車的油漬浮在水面。冰的密度為 0.92，小於液態水的密度 1，所以當我們把冰塊放入水裡，冰塊會浮在水面上。北方國家每到冬天湖面會結冰，以及冰山漂浮在海面上，道理也是一樣。其實冰封的湖面或海面以下，是密度較高的液態水。

鐵的密度是 7.87，銀的密度 10.49，鑽石的密度 3.5，鋁的密度 2.7，這些物品的密度都比水大，所以無論體積大小，都會沉入水中。

生活中的密度

除了物體本身的密度之外，生活中還有一些關於密度的用法。兩輛一樣大的公車，如果 A 車裡有 40 人，B 車裡只有 4 人，很顯然 A 車比較擠，乘客的密度高；B 車的乘客密度比較低，顯得空間大一些。

如果以城市的面積和人口來比較，我們可以發現：臺東縣的面積接近臺北市的 13 倍，人口卻不到臺北市的十分之一，可以說臺北市的「人口密度」比臺東縣高出許多，也擁擠許多，你可以試著計算看看。

	土地面積	人口
臺北市	271.8 平方公里	264.60 萬
臺東縣	3515.0 平方公里	22.45 萬

除了上面這些例子，想一想，生活中還有哪些事物可以運用「密度」來描述？

小試身手

臺灣高鐵的一節普通車廂長 24.5 公尺，寬 3.38 公尺，有 63 個座位。臺北捷運板南線的一節車廂長 23.5 公尺，寬 3.2 公尺，有 60 個座位。如果這兩種車廂一樣高，哪一種車廂的座位密度比較大呢？

小試身手解答

P15

① -89.2　② -422　③ +3952

P23

a = 2，b = 5，c = 7，d = 1

P35

50301 讀做「五萬零三百零一」

P45

①沒辦法，因為四個奇數相加的結果一定會是偶數。

②如果乙是奇數，甲就是偶數；如果乙是偶數，甲就是奇數；但丙一定是偶數。

P55

擲一枚骰子共有六種可能的點數，其中比 4 大的點數有 5 和 6 兩種，所以機率為 $\frac{2}{6}$，期望值為 $\frac{2}{6} \times 300 = 100$ 元

P67

①例如，臺北市的敦化南、北路和南京東、西路。

②瑞穗鄉大約位在東經 121 度、北緯 23 度。

P79

五年級的通過率：160÷180 ≒ 0.89

六年級的通過率：145÷160 ≒ 0.91

因此六年級的通過率比較高。

P103

① 1、1、2、3、5、8、13、21、34、55、89、144、233、377、610、987、1597、2584、4181、6765

P111

單利：

利息 50000×4% ×3 = 6000，

本金加利息：50000 + 6000 = 56000 元

複利：

第一年利息：50000×4% = 2000，

本金加利息 50000 + 2000 = 52000 元

第二年利息：52000×4% = 2080，

本金加利息 52000 + 2080 = 54080 元

第三年利息：54080×4% = 2163，

本金加利息 54080 + 2163 = 56243 元

P121

這種攝氏溫度和華氏溫度前後數字剛好互換的巧合，只有書中提出的這兩組，
你可以試著驗證看看。

P131

① 8×7 = 56，要印 56 種車票。

② 7×6÷2 = 21，至少需要建造 21 條公路。

③ 10×9÷2 = 45，一共需要拍 45 張照片。

P141

因為兩種車廂的高度一樣，所以只要計算單位面積裡有多少座位，就能比較
兩種車廂的座位密度。

高鐵車廂的座位密度＝ 63÷（24.5×3.38）＝每平方公尺約 0.76 個座位

捷運車廂的座位密度＝ 60÷（23.5×3.2）＝每平方公尺約 0.80 個座位

所以，捷運車廂的座位密度比較大。

好好笑漫畫數學：生活數字王

編劇／郭雅欣
漫畫／司空彌生　分鏡／沈宜蓉
漫畫顧問／李國賢、葉亞寧

知識專欄／房昔梅

出版六部總編輯／陳雅茜
資深編輯／盧心潔
美術設計／趙　璦

圖片來源／ p14、67、102、103、121、140© Shutterstock

發行人／王榮文
出版發行／遠流出版事業股份有限公司
　　　　　地址：臺北市中山北路一段 11 號 13 樓
　　　　　電話：02-2571-0297　傳真：02-2571-0197　郵撥：0189456-1
　　　　　遠流博識網：www.ylib.com　電子信箱：ylib@ylib.com
著作權顧問／蕭雄淋律師

ISBN 978-957-32-9143-5
2021 年 8 月 1 日初版
版權所有・翻印必究
定價 ・ 新臺幣 320 元

好好笑漫畫數學：生活數字王／
郭雅欣、房昔梅著；司空彌生繪 . -- 初版 .
-- 臺北市：遠流出版事業股份有限公司，
2021.08
　面；公分
ISBN 978-957-32-9143-5（平裝）
1. 數學 2. 漫畫
　310　　　　　　　　　110007817